データ農業が日本を救う

窪田新之助
Kubota Shinnosuke

インターナショナル新書 056

はじめに

データの活用が日本の農業の行方をどう左右するか——まずはそれを知ってもらいたい。

そのために日本とオランダを比較してみよう。１９８０年代、両国におけるトマトの単位面積当たりの収量はほぼ同じだった。それがこの40年で約7倍の差が生まれた。急激に伸ばしたのは残念ながら日本ではなくオランダ。今やオランダのトマトの10アール当たりの収量は約70トンと、世界でもずば抜けて高い。一方、日本は約10トン（２０１９年）。オランダはトマトのほかキュウリとパプリカの三つを戦略品目と位置付け、いずれも世界で最も高い収量を誇り、欧州を中心に世界へ輸出している。

オランダは国土の面積が九州の１・１倍と狭小ながら、ハウス栽培を中心とした付加価値の高い農業を展開し、農産物の輸出額を伸ばし、ここ数年は10兆円前後を維持している。この数字は米国に次いで世界2位である。一方、日本は農林水産物の輸出額1兆円の目標を掲げているが、なかなか到達できないでいる。世界ランキングでは40位台をうろうろしている。

両国の間でなぜこれだけの開きが生じたのか。そこには品種や農業用ハウスの構造など複合的な要因があるものの、ここでは本書のテーマであるデータという観点からみていきたい。そのために一人の先駆的なコンサルタントの話から始めよう。登場してもらうのは中村商事有限会社（埼玉県春日部市）の社長、中村淑浩《よしひろ》。同社はハウスの施工や農業に参入する企業や農家向けのコンサルティングなどの事業を展開している。早くからオランダの農業を学び取り、データを踏まえた営農のやり方を指導している会社だ。

データリテラシーのない社長は失格

中村が農業におけるデータの重要性を痛感したのは2006年、オランダで唯一の農業大学であるワーヘニンゲン大学（現在は総合大学）を訪ねたときだった。中村商事は当時、ハウスの販売をしていたものの、コンサルタントの仕事は手掛けていなかった。応対してくれた研究者にまずは自社の事業について説明した。すると、通訳を介し、いきなりこんな質問を突き付けられた。

「あなたが売っているハウスの光の透過率は何パーセントですか」

中村は意表を衝《つ》かれた気がした。なぜなら日本ではハウスの利用にあたって、そんなことは一切話題になっていなかったからだ。もちろんハウスを覆う各メーカーの合成樹脂フィルムの透過率は頭の中に入っている。ただ、実際のハウスの内部には骨材やカーテンがあるので、現実的な光の透過率は落ちる。それがどのくらいかなど聞かれたことはなかったし、考えたこともなかった。

自然災害の多い日本ではハウスの価値として大事なのは雪や風、地震に強いかどうかといったこと。つまりハコモノだけの費用対効果が問題とされてきた。日本の事情を説明するとともに、質問への答えは持ち合わせていないことを告げた。すると予想もしない強烈な一発を浴びせられた。

「社長として失格ですね」

オランダ農業の根幹にある「1パーセントの理論」

中村はその研究者に尋ねた。「なぜ社長として失格なのか」と。すると次のような指摘が返ってきた。「農家にハウスを売るのであれば、どれくらい収量が取れるのか説明できないといけない」
　この言葉を理解するには、オランダ農業の強さの根幹にある「1パーセントの理論」について説明しなければならない。光を取り込む量が1パーセント上がれば、それだけ光合成が促進され、収量も1パーセント上がるという理論だ。つまり農家に光の透過率を示すことは、どれだけ稼げるかを伝えることと同じなのである。逆にいえば、それを伝えられないことはまさに社長として失格なのだ。オランダのハウスは施設内にセンサーが設置され、日射量や二酸化炭素量など作物の光合成に影響するデータを確実に取りためている。農業法人やそこを営農支援する民間のコンサルタントは、そのデータを分析しながら適切な管理をすることで、世界最高の収量を上げているのだ。

　中村はその後もオランダを何度も訪問するなかで、この理論をそれこそ耳が痛くなるほど聞かされたという。これに関しては私もオランダの農業を視察した際、同じ説明を何度か受けた。ハウスの軒高《のきだか》が高いと、作物の茎を立てられるので、樹《き》全体で光を受けやすくなる。日本で圧倒的に多いのは軒高が2メートルほどのビニールハウス。対してオランダでは軒高が5メートルを超えるハウスが主流である。軒高が高くて空間が広いと、換気の時も急激な環境の変化を緩和できる。

たとえば、私が訪ねた北ホラント州の干拓地にある大型施設園芸地アグリポートA7。ここはハウス栽培を行う施設園芸の最先端を学びたい人たちにとってみれば、いま最もホットな場所に違いない。40~50ヘクタールという世界最大級の施設園芸面積をもつ農業経営体が相次いで誕生している。そこのレッド・ハーヴェストRed Harvest社のハウスは軒高が5メートルといわず10メートル近くもあった。アグリポートA7を含むオランダの農業地帯を巡り、新旧の施設が併設している現場を目にすると、ハウスの歴史を一望できる。時代が経つほどに高さを増しているのが一目で分かるのである。さらなる増収を求めて軒高を上げてきたのだ。しかもオランダのハウスは内部の骨材が細く、太陽光が入りやすい設計になっている。要は作物の生育の最大化ということを起点にハウスのすべてが設計されているのだ。

オランダで「1パーセントの理論」が実践されるようになったのは、1980年ごろから。そのころに、ハウスの環境を複合的に制御するコンピュータが導入された。データの収集とその分析を踏まえてカーテンの開閉や加温機などを制御している。園芸施設の構造の改善により、光透過率は65パーセントから80パーセントにまで向上しているという。農産物輸出大国オランダの秘密がここにある。中村が初めて訪ねたころのオランダは「すでに世界の勝ち組になっているのがみえてきたときだった」

データを重視しない日本

当時、中村は日本の研究者やハウスメーカーの社員に光合成の重要さについて聞いて回ったが、「注目している人は皆無に等しかった」。

せめて自分の顧客である農家には収量を上げてもらおうと思い、まずはハウスに設置して光の透過率を計測するセンサーを開発するようメーカーに話を持ち掛けた。返ってきたのは「何のために必要なんですか」「作っても売れるんですかね」という半信半疑、というよりは否定的な答えだった。そこで既存のセンサーで代用できるものを探して改造し、顧客にそれをハウスに設置して光の透過率のデータを収集するよう促し、それに応じた環境制御の方法を普及させていった。そのおかげで収量を伸ばして儲《もう》かる農家が出てきた。その噂《うわさ》が広がり、だんだんと顧客を増やしていく。

データが優れているのは、内容を伝えやすいことにある。中村は「経験と勘で積み重ねた農業技術は伝えにくい。一方、データを使えば大勢に一気に伝えられる」と説明する。この言葉の意味するところは、第1章以降に紹介する事例から十分に分かってもらえることだろう。ただ、残念ながら、今もって日本ではデータの重要性への理解が乏しいという。「県の農業試験場や農業大学校でも、光の透過率を含めてデータを取りながら、どうやって環境を制御するかという研究をしていないし、教えてもいない。だから日本の施設園芸はいまだに生産性が低くて、儲からない。結果、後継者が育たない事態になっています」。実際に中村は、若者が家業である農業を継ごうとしても、夢破れて離れていく姿をいくつもみてきたという。

稲の収量でも劣る日本

単位面積当たりの収量で世界に後れをとったのは園芸品目だけではない。穀物も同じだ。たとえば瑞穂《みずほ》の国といわれる日本で最も作付面積が多い稲。日本は稲の単位面積当たりの収量が、1961年には世界102カ国の中で5位だった。それが2017年には16位まで下がってしまった。東南アジアやエジプトなどが、農地に水を供給するための灌漑《かんがい》施設を整えるなどして、急速に収量を伸ばしている。日本で生産力が低下した要因として、1960年代に、産地が食味の良さを追求するようになったことが挙げられる。象徴的なのは、新潟県が1962年に始めた「日本一うまいコメづくり運動」である。その代表格は「コシヒカリ」である。それと、1970年に始まった生産調整、いわゆる減反も生産力を押し下げる働きをした。農家にとってみれば、収量を上げても転作を強いられるだけだから、多収を追求する意識が弱くなってしまったのだ。

「コシヒカリ」は1979年から40年以上にわたり、いまだに作付面積ではトップの座に君臨している。育種は本来、良味を追求したり、多収を狙ったり、幅があるものだが、長い間、国と都道府県が減反政策を採用している以上、品種改良において収量性が主軸に置かれることはありえない（最近になってようやく民間もコメの育種を手掛けるようになってきた）。それは稲の作付面積のトップ20を品種別にみると理解できる。「コシヒカリ」の血が入っていないのは数えるほどしかない。品種改良において食味ばかりが重視されてしまった結果、水田農業経営は生産性を落として、世界一高いコメを生んでしまった。

時代は変わった。いま求められるコメの特性は多収性だ。家庭での消費が縮むのに対し、中食《なかしょく》（食品を外で購入して家庭内で食べること）と外食での需要は堅調に伸びてきた。そうした業界が欲しがるのは値ごろ感があるコメである。そのため収量が多いコメが必要なのだ。

そうした需要の変化を的確に捉え、農業経営をどうやって変革していくのか。そのために必要な新たな品種や商品をどうやって作っていくのか。データはそうした課題の一つひとつに密接に関係し、これからの動向を左右することになる。それはオランダの先例を見ても分かることである。

もちろん日本のなかにもデータを用いた先進の芽があちこちにある。先人たちが育ててきた細やかな農業のあり方を、データを用いることでどう継いでいき、発展させていこうとしているのかをつぶさに報告していきたい。

農と食の分野でさまざまなデータが取れるようになってきた今、それらの活用は国家として農業をどう育てていくかということと不可分の関係になりつつある。折しも、2019年度の農林水産予算で初めてスマート農業に47億円の予算が付いた（前年度の補正予算を含む）。それに合わせ、生産現場での実証を進める「スマート農業実証プロジェクト」が始まった。2020年度のスマート農業の予算は56億円と増額された（前年度の補正予算を含む）。

さらに新型コロナウイルスの影響で来日できない、あるいはその見通しの立たない農業関係の外国人技能実習生や特定技能外国人は2400人（2020年4月29日時点）にのぼり、農業法人が人手不足に陥っていることから、農林水産省はデータの活用などスマート農業の早期普及に向けた実証事業について補正予算で10億円を計上した。

その事業のなかには、営農のデータ管理用ソフトで作業計画を立案し、効率的に作業を行ったり、ドローンを使い、農薬の散布や作物の生育データを取得する事業などが入っている。農業高校や農業大学校でドローンの実技講座を受けた生徒らがＯＪＴ（職場内訓練）の一環として農業法人でドローンを使うことも想定している。

データ農業はまさに国を挙げた課題となっている。

新型コロナウイルスの影響は世界の農と食にも及んでいる。機械化による大規模農業を進めてきた米国はまだしも、欧州は収穫などの農繁期の人手を国内外の季節労働者に依存してきたことから、感染拡大に伴う外出自粛や出入国規制のあおりを大きく受けている。

なかでも影響が心配されるのは、穀物と違って機械化が十分にされていない野菜や果樹だ。「日本経済新聞」の報道（２０２０年4月26日付）によれば、英国の農家は東欧から７万～8万人の季節労働者を受け入れ、農作物の収穫や食品加工に従事させてきた。それが新型コロナウイルスの影響から東欧各国で国外への移動が空路も陸路も制限されてしまった。そこで農業法人がチャーター便を独自に手配して、東欧からの季節労働者に来てもらう措置をとっているという。

新型コロナウイルスの影響はこのように農業の生産現場だけではなく加工や流通、小売の現場にも及んでおり、今後もその行方とともにデータの活用が事態の解消にどう寄与するのかを注視していきたい。

目次

第4章 下町ロケットは現実になるのか

第5章 データのやり取りは世界標準の通信規格で

第1章　データが農業をつくる時代

世界市場は2025年に434億ドルへ

農業の世界で巨大な市場が生まれつつある。〝精密農業precision agriculture〟の市場だ。日本でも以前はその名で通っていたが、最近では〝スマート農業〟と呼ばれるようになった。農林水産省によると、スマート農業とは「ロボット技術やICT（Information and Communication Technology 情報通信技術）を活用して超省力・高品質生産を実現する新たな農業」を指す。米国の調査会社マーケッツ&マーケッツMarketsandMarketsによれば、世界におけるその市場規模は2018年に75億3000万ドル（7530億円）だったのが2023年には135億ドル（1兆3500億円）になるという予測。さらに米国の調査会社ヘクサ・レポーツHexa Reportsによれば、2025年には434億ドル（4兆3400億円）になると予測されている。

スマート農業の中核となるものこそ本書の主題であるデータだ。気象や作物の生育、肥料や農薬の投入量といった生産に関するさまざまなデータを集めて分析することで、農畜産物の生産性の向上に役立てることができる。スマート農業は主に生産だけを対象としているのに対し、本書で扱う〝データ農業〟とは加工や流通、消費を含めたサプライチェーンの中での最適化を目指すものである。そういう意味でデータ農業が狙うのは国内の農業

図1　世界の農業ロボットマーケットの推移と予測

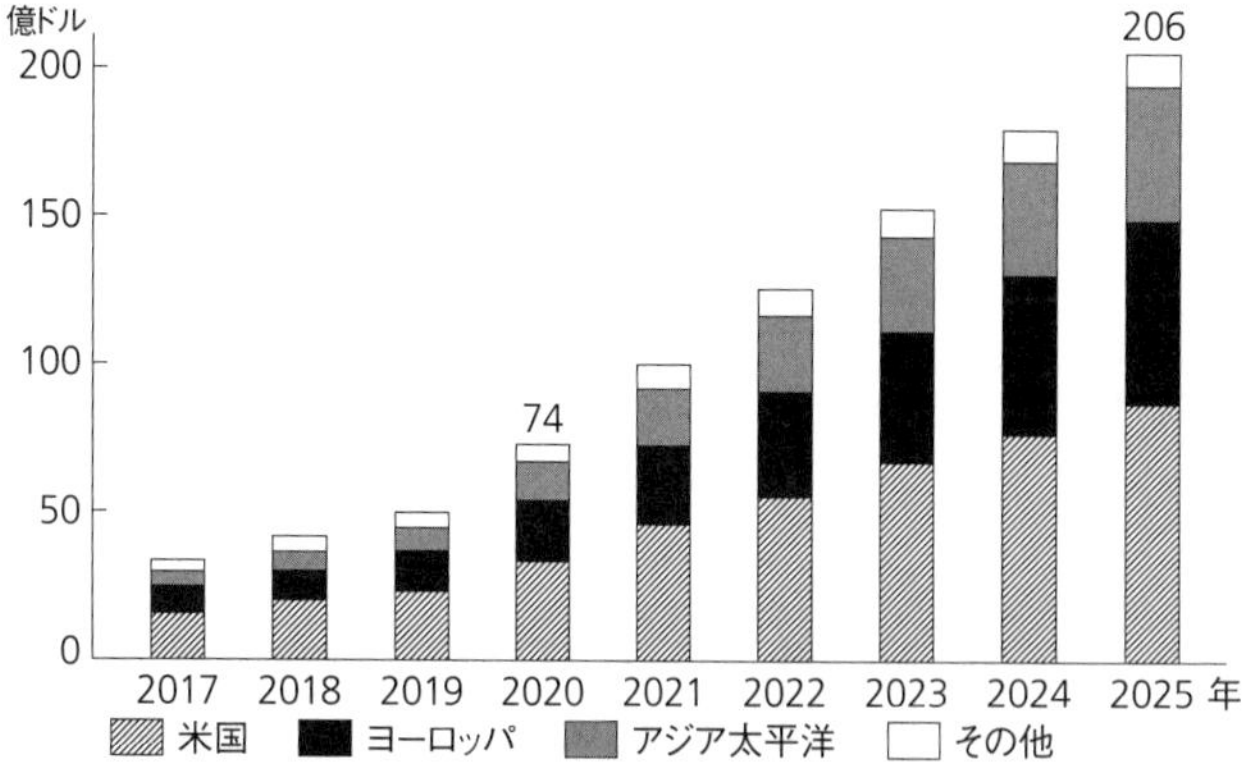

（注）2020年以降は予想値

出典：Agricultural Robots Market Report

総産出額９・１兆円（２０１８年）を超えることではなく、99・９兆円（同年）という食産業へのさらなる食い込みである。あるいは農林水産省の推計で２０３０年には１３６０兆円と、２０１５年比で１・５倍に膨らむ世界の飲食料市場での存在感の増大である。

すでに一部の国や地域ではデータの活用が先行して展開されてきた。たとえばオランダ。前述の通り、国土の面積は九州の１・１倍、経営農地面積は日本の４割でありながら、農産物の輸出額は約10兆円と米国に続き世界２位である。ただし同じ農業大国でも、過剰に生産した穀物を輸出に振り向ける米国とは異なる。施設園芸を中心に集約型の農業を展開し、食品産業と連携して付加価値の高い農産物をつくり出している。

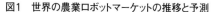

オランダの施設園芸の特徴はその収量の高さにある。たとえば戦略品目の一つであるトマト。１９８０年代からの40年でその単位面積当たりの収量を急激に伸ばし、10アール当たり約70トン。日本と比べて約7倍多いことは先述した。これは品種や栽培法の改良に加えて、データに基づく緻密で合理的な農業が確立されてきたことが大きく寄与している。

オランダでは１９８０年ごろから農場にコンピュータによる環境制御システムが普及し、広がっていった。今ではほぼ１００パーセントのハウスで導入されている。このシステムでは施設の各所にセンサーを設置して、外気や施設内の温度や湿度、日射量、二酸化炭素量、風速、風向、雨量などを計測。それらのデータを踏まえて、施設内の環境が作物の生育にとって最適な状態になるよう、加温機や保温カーテン、換気窓などを自動で制御する。

収量や品質などの結果は集荷の過程でデータ化されていく。その役割の一端を担うのは、収穫したトマトを運搬するカートのロボット。このカートはトマトを収穫する列で自動的に停車し、従業員が切り取ったトマトを満杯に積んだら、通路を抜けて温室の外にある集荷場まで運んでいく。ちなみに障害物があったら自動で緊急停止できるよう、センサーが付いている。集荷場に向かう途中には選果機があり、そこで積み込んだトマトの収量や品質などが自動的に計測される。それぞれのカートには作業員に紐《ひも》づけできる番号のふだが付いている。これにより作業者個々の実績をすべてコンピュータで一括して管理できる。私が訪ねた40ヘクタールを経営する農場では、この実績を特別手当の金額を決めるボーナスシステムの査定に使っていた。結果が思わしくなかった場合には、チーム内ミーティングでデータに基づいて反省点を洗い出し、個々に指導するという。

オランダではデータを活用する場面は販売にも及ぶ。農家は品目ごとに共同で販売する「生産組合」を組織している。世界中の取引先と交渉しながら、提案された価格との折り合いをみて、どの取引先にどれだけの量を出荷するかについて協議する。作付前に年間の取引価格が決まるので、農家にとってみれば営農計画を立てやすい。私が訪ねた生産組合は取扱量の80~90パーセントを欧州各地の量販店と契約していた。契約数量を決める際の判断材料となるのは生産量の予測データ。いつ、どの時期に、どれほどの数量を届けられるかを推定する。会員の農家はデータに基づく農業を長年実践してきたので、この手の数字を出すのは簡単なのだ。データが農産物の輸出額で世界2位の農業王国を支えている。

経験と勘を頼りにしてきた農業生産

日本でも昨今、農業でデータの活用が叫ばれるようになった。それはこの世界がずっと農家の〝経験〟と〝勘〟に頼ってきたことと無縁ではない。というより大きく関係している。それを証言してくれるのは北海道帯広市の有限会社道下広長《みちしたひろなが》農場の代表、道下公浩《きみひろ》。曽祖父の兵蔵が100年前に入植し、代々にわたって開墾してきた農場は現在70ヘクタールを数える。平均的な経営耕地面積が42ヘクタールと国内で最大級の十勝地方にあっても出色の規模である。作る品目は小麦と馬鈴薯《ばれいしょ》、ダイコン、ナガイモ。かつては周囲とは歴然とした差をつける成績を残してきた。壁にぶち当たったのは10年前。急に収量が落ち込んだ。最初は馬鈴薯や小麦。単価が高いナガイモには影響がなかったので、放っておいた。それが数年でナガイモまで穫《と》れなくなり、危機感を募らせた。以来、いずれの品目でも収量は芳しくない。なぜだったのか。

「それが分からないから困るんだ。知りたくても、過去のデータがないから究明しようがないんだよね」

　過去のデータがない。これは全国の農家に共通することである。気象や作物の生育、農薬や肥料の使用などのデータを細かに取っている農家はごくごくわずかである。仮に取っていたとしても紙に記し、それを溜《た》めているだけなので、必要なときに取り出すのに時間がかかったり、下手すると紛失したりしているのが実態だ。

かつての道下も同じだった。それで困るのは道下以上に後継者である。すでに実質的な経営権は二人の息子に移っている。道下は彼らから営農に関するさまざまな質問を受ける。それに答えたくても、データがないから明確にできない。道下はそれが悔しいし、申し訳ないと思った。だから2013年からデータを収集するようになった。2017年にはシステム会社を創業。農作業中に畑でスマートフォンからデータを入力できるソフトを開発し、運用を始めた。農機とも連動させ、稼働時間が自動で集計できるようにするつもりだ。ほかの農家も自分と同じく収量の減少に見舞われる可能性がある。不測の事態に備えて、ソフトは普及させていくという。十勝地方の未来の農業のためにデータを残そうという思いには頭が下がる。

では、データを収集することで具体的に何が起こるのか。もちろんこれだけの事例では、データがもつ底知れぬ可能性を十全に理解してもらうことは難しい。ここではデータがこれからの農業にとって大きな原動力となることを感じてもらうだけで十分だ。

とくに農業になじみのない人には、データを活用したことによる変化をみてもらいたい。そうすれば、この産業と情報技術（IT）とのこれまでの距離感をつかんでもらえるに違いない。逆にいえば、今までその距離が遠かったからこそ、データによって変革できる余地が多分に残されているともいえるのである。

最初に具体例として挙げる場所は北海道。〝農業王国〟を選んだのは農家が先駆的にデータを活用してきたからである。加えてほかの都府県とは一線を画す規模の大きな経営をしていることで、データ利用の経済効果がより明確に表れているからでもある。最初に向かう先は道下の住む帯広市から北西に向かった鹿追町《しかおいちょう》だ。

肥料代を激減させる技術

「すごいですよ」

2019年9月中旬、馬鈴薯の種芋を選別するのに忙しい手を止めてわざわざ取材に応じてくれた、農事組合法人・西上《にしかみ》経営組合専務理事の菅原謙二は感嘆の声を漏らした。〝ある技術〟を試したところ、10アール当たりの肥料代を8528円減らせたという。甜菜《てんさい》（ビート。砂糖の主原料）の栽培面積50ヘクタールのほぼすべてに導入したので、単純計算すれば肥料代を420万円以上減らせたことになる。試験では同時に収量が10アール当たり1万4771円分増えた。これは試験のときがとりわけ好成績だったようで、この増収分を50ヘクタールにそのままあてはめられない。それでも肥料代の節約と合わせた経済効果は

1000万円ほどになるだろう。

これだけの経済効果をもたらした〝ある技術〟とは「可変施肥《かへんせひ》」。一枚（耕作の単位となっている一区画）の農地であっても箇所によって地力《ちりょく》（その土地が作物を育てる能力）にばらつきがみられる。農家は、施肥をする際にはそうしたばらつきを無視し、一枚の圃場《ほじょう》に均一に肥料をまいている。結果として肥料の過不足が発生しているのが現状である。それをなくすために最近になって広く用いられるようになったのが、地力のばらつきに合わせて、肥料をまく量を微調整する可変施肥なのだ。

経済効果は1000万円以上！

農家8戸で構成する西上経営組合の経営耕地面積は300ヘクタール。鹿追町における畑作農業経営体の平均値は45ヘクタールと十勝地方のそれより広いが、西上経営組合はそのはるか上をゆく規模である。300ヘクタールの内訳をみると、小麦が100ヘクタール、甜菜が50ヘクタール、馬鈴薯が50ヘクタール、豆類が30ヘクタール、蕎麦《そば》が30ヘクタールなど。近年の年商は3億6000万〜3億7000万円となっている。

畑作4品目のうち最初に可変施肥を試したのが甜菜。なぜならほかの品目よりも肥料を必要とするからである。菅原によると、一般的に10アール当たりに必要な肥料は馬鈴薯が60キログラムなのに対し、甜菜は160キログラムから200キログラム。これだけ多量に使うので、経済効果も大きいものとなった。

甜菜で予想以上の効果があったことから、現在では300ヘクタールある経営耕地面積のうちの100ヘクタール、品目にすれば豆類を除く3品目で可変施肥を導入している。小麦と馬鈴薯の経済効果は算出していない。ただ、馬鈴薯については株式会社ズコーシャ（農業・環境・まちづくりにフォーカスした総合コンサルタント会社、帯広市）が別の農家でそれを算出したところ、10アール当たり1万4500円となった。1000ヘクタールでの経済効果は優に1000万円は超えるだろう。

ドローンの撮影画像から地力のむらを色分け

絶大な威力を発揮する可変施肥。その前提となるのは地力のばらつき（むら）を正確に捉えることであるのはいうまでもない。そのために役立つのがデータなのだ。

地力のデータのとり方はいろいろある。ここでは西上経営組合にサービスを提供しているズコーシャの手法を紹介していこう。

可変施肥機を装着したトラクター。一枚の農地の地力のむらに応じて散布する肥料の量を自在に調整する

まず、何も植えていない農地の衛星画像から、地力のむらが発生していそうなところを探る。「十勝地方は地力のむらが多いんですよ」。そう言ってズコーシャ総合科学研究所アグリ&エナジー推進室の横堀潤室長が見せてくれたのは、何も植えていない畑を上空から撮影した写真。土の色が黒と茶でまだら模様になっている。

「これが十勝の土なんです。火山灰土と赤土が混ざっているのが特徴。色がまばらになっているのは、地力にむらがあることを示しています」

当たりを付けたら、その農地を中国のDJI社のドローンで撮影し、地力のむらに応じて黒や茶、黄、緑、青などに色分けした地図情報を作る。そのデータを顧客である農家に提供し、農家は新規に購入することになる可変施肥機にデータを取り込む。あとは可変施肥機を備えたトラクターを田畑で走らせるだけだ。

北海道の一戸当たりの経営耕地面積は拡大している。周囲の離農とともに、規模の拡大に拍車がかかることが予想されている。その場合、拡大した農地に栽培管理が行き届くのかどうかが問題だ。農地一枚ごとでも地力にむらがある。道内のように一枚の面積が大きければ大きいほど問題は複雑になる。

地力に応じて肥料の量を調整する場合、多くは土壌診断の結果に頼っている。土をサンプリングして、JAや自治体の専門機関に窒素やリン酸、カリウムなどの成分ごとに過不足を検査してもらうのだ。ただ、それはあくまでも全体の地力を把握する手段に過ぎない。処方箋をもらっても、一枚の畑で肥料を均一にまくだけである。

西上経営組合も可変施肥を導入する前はほかの農家と同様、土壌の診断結果に応じて施肥量を決め、圃場全体に均一にまいてきた。ただ、前述のように北海道は一枚の面積が大きい。西上経営組合の菅原は言う。

「うちだと8ヘクタールとか10ヘクタールとかいう畑がふつうにある。そこに肥料を均一にまけば、無駄が生じる。だから可変施肥の効果は、それだけ大きい」

AIで作る高糖度トマト

続いて取り上げるのは野菜で最も産出額が多いトマト。なかでも甘さが売りの商品は「高糖度トマト」、あるいは「フルーツトマト」と呼ばれている。その栽培の成否の鍵を握るのは、かん水（水を注ぐこと）をいかに抑えられるか。生育を阻害しないギリギリの線を狙って水やりを極力控えるこの技術もまた、今もって農家の経験と勘が頼りの世界である。

トマトの生産と流通にそれぞれ取り組んでいる、静岡県袋井市のサンファーム中山株式会社と同県浜松市の株式会社ハッピークオリティー Happy Quality はそこに風穴を開けた。葉のしおれや茎の太さの具合から、植物がどれだけ水分ストレスを感じているかを人工知能（AI）で判定し、かん水を制御することで、高い糖度のトマトを安定的に生産することに成功したのだ。普通のトマトは糖度5ぐらいだが、サンファーム中山とハッピークオリティーがAIを活用して栽培するトマトは平均糖度が9・46である。一般には糖度8以上が「高糖度トマト」や「フルーツトマト」と呼ばれ、高単価を狙う農家の間で栽培され

高糖度トマトの流通を担当するハッピークオリティー・宮地誠社長（左）とそのトマトを生産するサンファーム中山・玉井大悟代表

てきた。

トマトは土壌の水分を切らして栽培すると、糖度が高まることで知られている。理由は簡単で、果実に含まれる水分が多いと、甘さが薄まってしまう。逆に水の供給を減らして果実に含まれる水分を少なくすることで、甘さが増すというわけだ。

露地だと降雨の影響で土壌の水分を管理しにくいので、基本的にはハウスで作ることになる。では、どうやって水を切っているかといえば、土壌中で根が伸びるのを抑えたり、養液の量を点滴で調整したりしている。

サンファーム中山の場合、土の代わりにロックウール（人造鉱物繊維）を培地に用い、根域を制限しながら、中玉トマトを養液栽培している。養液栽培とは肥料を溶かした養液を作物に与える農法で、ロックウールに這《は》わしたチューブの穴から点滴している。

養液の量を点滴で調整するのに使っているのは日射比例式の制御装置である。ハウスに設置したセンサーで日射量を計測し、集積している。事前に設定した積算量に達すると、自動的に給水する仕組みになっている。

植物と対話できていなかった

ただ、これで実際に植物が必要としている時に適量の水を与えているかといえば、「そんなことはない」。こう言い切るのはサンファーム中山代表の玉井大悟。静岡大学農学部を卒業後、大学院に通いながら同大発の農業ベンチャー企業、株式会社静岡アグリビジネス研究所の社員として、同社の「Dトレイ」を使ったトマト作りの研究と普及に携わってきた。今は独立して別のロックウールを用いて高糖度トマトを生産。収穫物はすべて、地元の青果市場に20年以上勤めた経験がある宮地誠社長が経営するハッピークオリティーに販売している。

そんなトマト作りに長《た》けた玉井はこう打ち明ける。「かん水するタイミングで考慮しているのは日射量だけ。実際は、温度や湿度なども蒸散に影響しているので、それらを考慮しないと植物にとって最適な環境はつくり出せないはず。だから従来のやり方では植物と対話できていないと思ってきました」

それでも玉井は現在の会社を興してから、科学者としての知見に実際の栽培の経験を最大限に活《い》かし、高糖度トマトを高精度に生産している。同時にロックウールを使う農家にその作り方も指南してきた。ただ、多くの農家はうまくいかなかった。なぜか？　玉井が設定する日射量は、あくまでも玉井のハウスで通用するもの。品種や土壌、気候が多少でも変われば、その変化に応じて栽培法を調整しなければならない。そうした微妙な匙加減《さじかげん》を伝えても、「感覚的なことを言葉にするので、こちらが思っていることがうまく伝わらないことが多々あるんです。だからなかなか生産が安定しないんですね」

一方、知り合いの農家には高糖度トマトを安定して生産する人もいる。ただ、そうした人たちがほかの地域で栽培を始めるとしたら、「きっとうまくはいかないでしょう」と言う。

「その技術は今の場所だから通用するんです。土壌や気候が少しでも異なれば、ほとんどの農家は安定して作れなくなるでしょう。彼らが頼っている経験と勘はその場所で培われたものであって、条件が変われば通用しないことが多いからです」

目指すはフランチャイズ農業

玉井にとっても宮地にとっても「今の場所だから通用する技術」では駄目なのだ。なぜなら二人が目指すのは「フランチャイズ農業」の展開であり、自分たちで築き上げつつある高糖度トマトを安定的に作る技術を他所にも広げようとしているからだ。

フランチャイズ農業とは何か。簡単に説明しておきたい。一般にフランチャイズビジネスで活躍するのは、フランチャイザー（本部）とフランチャイジー（加盟店）という商業上の契約関係にある二つのプレイヤーだ。本部は契約を結んだ加盟店に対し、①商号や商標の使用権の認可②開発した商品やサービス、情報といった経営ノウハウの提供③継続的な指導や援助——といった後押しをする。その見返りとして、加盟店は加盟料やロイヤリティを支払う。コンビニエンスストアなどの小売業やファストフードやラーメンなどの外食産業ではおなじみのビジネスモデルである。

農業界でも基本的な構図は変わらない。実力のある農家が本部となり、加盟店に当たる農家を募集する。今回の場合だと本部とはハッピークオリティーであり、加盟店の第1号はサンファーム中山である。彼らはトマトならトマト、イチゴならイチゴと同じ品目を生産し、同じブランドで売る。本部が開拓した取引先からの求めに応じて品種や規格を統一し、適期に適量を出荷することを目指す。

農家がフランチャイズに加盟する利点はおおむね次のようにまとめられる。まず、販路の開拓を本部が請け負ってくれる。それから作ったものは本部がすべて買い取ってくれるので、売り先を探す苦労がなくなる。だから栽培に専念できる。また、肥料や重油などの資材は共同で購入すれば、交渉次第で安価に入手できる。

以上、フランチャイズ農業についての説明の中で一つ取り上げたいのは、「取引先からの求めに応じて品種や規格を統一」することについてだ。そのためには栽培技術をマニュアル化しなければならない、と宮地と玉井は考えていた。ただ、本当にそんなことができるのだろうか――。

そんな悩みを抱えていたとき、玉井はある新聞記事（「日本農業新聞」２０１７年10月15日付）に目を奪われた。そこには次のような見出しがあった。「高糖度トマト　ＡＩにお任せ」「葉の状態監視、かん水調節」。中身を読んでみると、静岡大学がＡＩを活用して、高糖度トマトを安定的に生産するかん水の制御法を開発した、と書かれている。さらに「現地試

図2　フランチャイジー農家向け全量買取システム

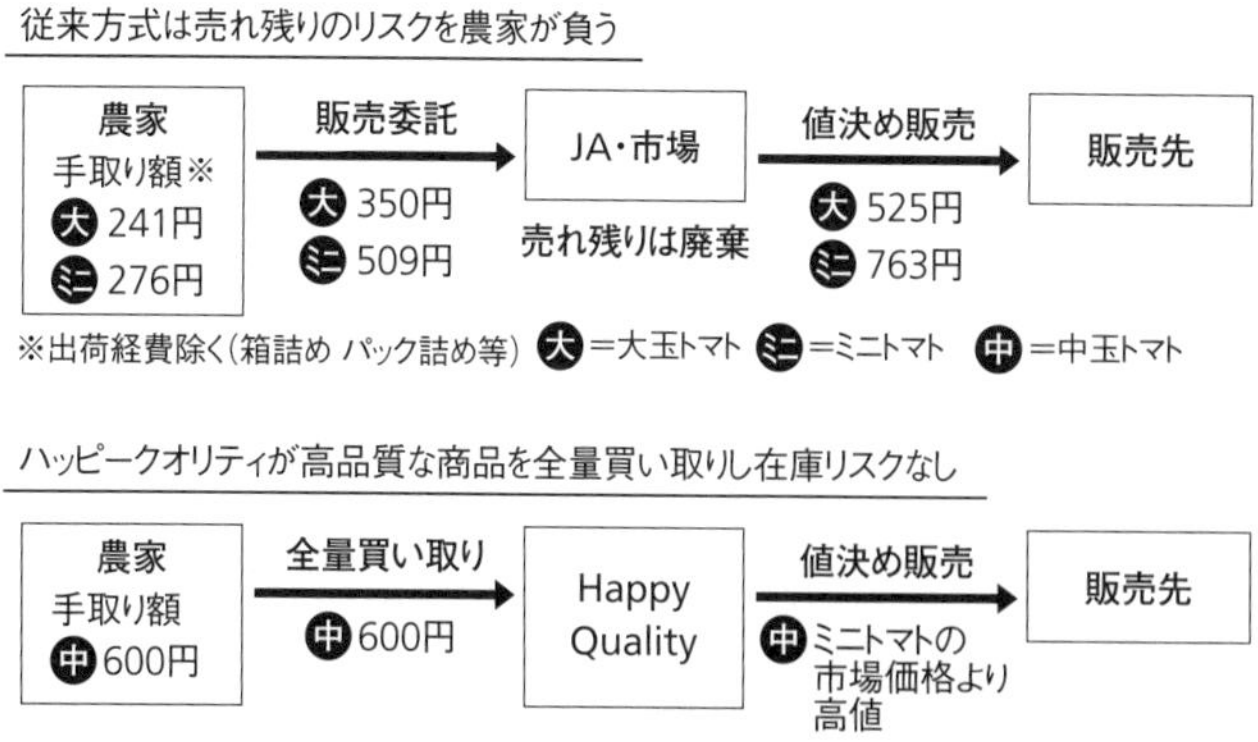

験を進める予定」ともある。

玉井はすぐさま、宮地に記事の内容を伝えた。面白いと思った宮地は玉井と二人で静岡大学に連絡し、その研究をしていた峰野博史准教授（現教授）と接触。サンファーム中山で現地試験をしてもらうよう熱望した。試験は２０１７年から始まり、今では以前に増して糖度は安定している。玉井は「この技術があれば、どこでも高糖度トマトは作れる」と強気だ。では、峰野が進めてきた研究と現地試験とはどういうものなのか。

水切りの判断は葉のしおれ具合

静岡大学で面会した峰野は当時40代前半。峰野がこのころ取り組んでいたのは、植物の状態を把握しながら適切にかん水するＡＩ栽培技術を確立することで、かん水の負担を軽減しつつ、糖度と収量も両立させること。

そこで、まずは植物が水分が不足していると感じているか、つまり「水分ストレス」の状態にあるかどうかを見極めることに取り組んだ。着目したのは、熟練の農家がかん水のタイミングをどう見極めているかだった。農家が植物の水分ストレスをどのように捉えているかを明らかにできれば、それを定量化してシステムに組み込める。そう考えて農家に聞き取りをすると、どうやら葉の下向き加減、つまり「しおれ具合」を判断の基準にしていることが分かってきた。そこで定点カメラで観察すると、確かに時間の経過とともに葉が上下していた。

「理科の授業で習ったように、光が当たると気孔が開き蒸散が促進され、根から水を吸い上げます。土の水分が不足していると植物体内の水分が減り、茎は細くなり、葉の張りもなくなって葉の重さを支えきれなくなるようですが、水が与えられると葉は再び持ち上がっているようでした」

そこで峰野は考えた。葉が上下する動きや温度や湿度など環境に関するデータなどからしおれ具合の特徴を定量化できれば、最適なかん水の量と時期を予測できるのではないか、と。峰野の専門は情報科学。今回の研究を開始した直後から植物生理について猛勉強した。

深層学習による特徴の抽出

しおれ具合に関する特徴を取り出すため、ハウスに定点カメラと無線環境センサーをいくつも設置。時系列で得られる植物の画像と茎の太さ、温度、湿度、明るさなどさまざまなデータを収集した。

特徴の抽出に用いたのはマルチモーダル深層学習という手法だ。マルチモーダルとは複数のセンサーから得られる画像やデータといった異なる様式の情報を組み合わせて処理すること。深層学習（ディープラーニング）とは多層のニューラルネットワーク（神経回路網を数式的なモデルで表現したもの）による機械学習を指す。人間が視覚、聴覚、触覚などさまざまな情報を統合して処理しているように、複数の情報を組み合わせることでAIの精度や頑健性の向上が期待できる。

峰野らが開発したAIは三つの部分からなる。一つは、画像データからしおれ具合の特徴を抽出し、「茎の太さ」から植物としてのしおれ具合を予測する〝画像特徴量抽出部〟だ。しかし、画像データのみからの予測では当然ながら精度が低い。そこで、〝しおれ具合予測部〟で、しおれに影響を与える温度、湿度、明るさといった環境データから抽出した特徴量と、一つ目のモデルから得られた特徴量を統合し、しおれ具合、つまり茎の太さを予測する。そして、得られた予測値に応じて、〝しおれ具合制御部〟が自動的に給水する仕組み。農家が環境や作物の状態から変化を予測して毎日のかん水の量を決めるのと同様に、画像や環境情報からしおれ具合の指標である茎の太さを予測し、予測値に基づいてかん水を制御するＡＩを誕生させたのだ。

ＧＡＦＡに負けない方法

開発にあたり峰野らがこだわったのは入力データ量の削減だ。それぞれのデータを膨大に収集して特徴を抽出すれば、いうまでもなくそれだけ精度は上がる。ただ、始めからそれは避けることにした。なぜか？

「データが多ければ精度は上がりますが、データの収集が仕事になってしまうことは避けたかったのです。力業でデータを集めることもできますが、ＧＡＦＡ《ガーファ》（米国に拠点を置く主要ＩＴ企業４社）にはかないませんから」

そこでデータの規模で勝負するのではなく、少ないデータ量で高い精度を実現しようと考えた。そのための工夫の一つが、コンピュータが特徴を抽出しやすいよう元画像を加工する方法だ。ここに現実的な研究者としての工夫がある。

ひらめいたのは、学生と一緒に画像データを見ていたときだった。カメラの画像には、植物だけではなくビニールハウスの部材や背景などさまざまなものが写っている。その画像をぼんやりと見ているうちに、人間は無意識に「動いている葉とその周辺だけ」を観察しているという当たり前のことに気づいた。一方、コンピュータはそうではない。人間と違い、画像に写るすべての情報を捉えようとする。それだけデータ量は多くなる。「それならば、人がコンピュータに見てほしいところだけを抽出し、与えればいいと思いつきました」と振り返る。峰野らは時系列の画像を比較して葉の運動量をベクトル化し、ベクトルの大きい部分、つまり動いている葉とその周辺だけをくり抜く手法を確立した。

もう一つの工夫が、しおれ具合予測部で用いた学習アルゴリズム、適応型学習器「SW-SVR」だ。多くのデータがあれば予測の精度は上がる。一方、この学習器では、多くのデータのうちのごく一部で表現することでデータ量を削減している。

「私たちが明日の気温を考えるとき、過去のすべての記憶を使って想像しているわけではありません。使っている情報はごく一部です。では、そのごく一部をどうやって選んでいるのかというと、夏の情報、明け方の情報といった具合に情報を特徴によって分類し、グループ化しているだろうと考えました」

このようにグループ化すると、グループごとにデータのばらつきが生じる。そこで重心からのばらつきに応じて半径を設定し、その円内に含まれるデータだけを使ってグループごとのモデルを構築する。こうして構築した複数モデルの予測値の加重平均を取って、状態を推定するのがこの学習器の特徴だ。たとえば気温を予測する場合、冬の朝について推定するのであれば夏や夕方に関するモデルの予測はさほど考慮しないといった具合に、基本のデータ値により近いグループのモデルが重要であるとして予測する。未知のデータであっても、それぞれのグループからの距離に応じて重要度を測り、予測値の平均を取るため、安定した精度を得られる仕組みだ。

こうした工夫により、精度をある程度維持したまま、データ量を10分の1に削減することに成功した。データが増えてきて誤差が大きくなった際には、グループ化をやり直して、モデルを再構築する機能も組み込んでいる。環境変化など状況に合わせて自ら学習し、精度を維持できるのだ。

現地試験ではハウスに定点カメラと環境センサーを設置。試験が始まって2年が経ち、平均糖度では9・46（最大16・9）を達成している。

ブリックスは本当の糖度を示すのか？

先ほどから当たり前のように「糖度」という言葉を繰り返し使っているが、実は少し説明が要る。糖度はブリックスＢｒｉｘという指標で表されている。ただ、ハッピークオリティーの宮地の説明や後日の補足取材によれば、ブリックスが示すのはあくまでも可溶性固形分の濃度。食品には糖以外に酸や塩などさまざまな成分が含まれ、ブリックスの検査機器はそれらにも反応する。だからブリックスの値が高いからといって、必ずしもその食品が甘いわけではないというのだ。

宮地はこの事実を初めて知り、実験を試みた。同社のトマトと市販のレモンをブリックスの検査機器にかけた。すると同じ値だった。かたや甘さ、かたや酸っぱさが売りなのに、である。宮地はそこにビジネスのにおいをかぎ取った。現状、味の決め手である糖と酸を個別に計測し、数値化できる装置はないそうだ。だったら作ろうというので、連携したのは国立研究開発法人・産業技術総合研究所（産総研）。２０２１年３月をめどに携帯可能な赤外線（ＩＲ）センサーを開発中である。これまたトマトの質を高めるうえで重要な要因になりそうだ。

この携帯可能なセンサーによって、畑で生育中のトマトを破壊することなく、一玉ごとに糖度と酸度を計測できる。時間を追ってセンシングすることで、糖度と酸度のバランスが取れた良食味のトマトを安定的に生産できると考えている。

ハッピークオリティーは、独自に糖度とリコピン（深赤色の発色と関わり、美容効果などがあるとされる。ニンジン、柿、スイカなどに含まれる）を計測するセンサーを取り付けた選果機を作り、全量検査している。全国でも糖度とリコピンの全量検査は非常に珍しい。リコピンで100グラム当たり6ミリグラム以上、糖度の指標とされるブリックスで6以上などの項目をクリアすることがブランドとして認証する条件となる。糖度8以上の高糖度トマトは1単位ごとに選果し、各糖度に応じて商品化している。

すでに選果機があるのに、なぜ圃場で糖度と酸度の値を計測するのかといえば、目標とする糖度と玉の肥大を両立させたいからだ。たとえば顧客から「糖度8」の商品の注文があった場合、サンファーム中山の玉井は「作り手としては、8を狙っては結果的にそれより下回るのが怖いので、ごくわずかに超えるくらいにしたい。ただし、9や10になるのは避けたい」と語る。理由は、トマトは糖度が高まるほどに、それと反比例するように玉が小さくなっていくからだ。

すでに紹介したように、サンファーム中山はＡＩを活用して高糖度トマトを安定的に栽培している。そのためにＡＩがデータとして使っているのは、結果である収穫物の糖度であり、生育中の糖度は含まれていない。もし生育中のデータを取り入れられれば、「栽培管理で軌道修正ができる。目標とする糖度や酸度をぎりぎりで狙いながら、肥大も損なわないですむ」（玉井）というわけだ。

もちろん生育中の糖度を計測できる既製品はある。ただし、いずれも樹から代表的な実を取り、その搾《しぼ》り汁で検査する。つまりサンプル検査。問題なのは、計測した数値はあくまでも対象とした実のものであり、ほかの実の実態を表していないことだ。より精密に栽培管理をしていこうと思えば、どうしても一玉ごとのデータが欲しくなる。

そこで今回の研究では糖と酸の個別の値を計測できるようにする。産総研が作ったプロトタイプは、小型の箱のような形状で、人が肩からぶら下げて持ち運びできる。その装置の発光部分を生育中の果実に当てて、一個ずつ糖度と酸度を検査する。宮地は「２０２０年度内に使えるようにしたい」と話す。

とはいえ、この作業を一玉ごとにやるとあまりに時間がかかる。将来的には、圃場を走行するセンシングタイプのロボットやメガネタイプのウェアラブルデバイスを開発することも視野に入れている。また、検査対象については「リコピンや残留農薬も測れるようにしたい」（宮地）。

ブリックスではなく糖度や酸度などが純粋に計測できるようになれば、それ自体が「新基準」になり、新たな価値となる。しかもＡＩやＩＲセンサーでそれを安定的に生産し、なおかつ全量検査ですべての商品を担保する。じつは現状においてスーパーで「糖度８」とうたっている商品の中には、サンプル検査ですませているものもあるのだ。

サンファーム中山とハッピークオリティーの取り組みは一玉ごとを緻密に管理しながら、新たな基準でもってそれぞれの商品の価値を保証するという、まったくもって挑戦的な試みであるといえる。

ＡＩで気孔の開き具合を解析する

２０２０年5月、ハッピークオリティーとサンファーム中山にあらためて取材を申し込んだ。前の取材から1年が経つ。宮地から返ってきたのは次の一言だった。「当時話したことはむちゃくちゃ過去になっていますよ」。わずか1年でそれほど進展しているのかと驚くとともに、ちょっと大げさではないかという気もした。ただ、実際に話を聞いてみると、決してそんなことはなかった。

話の要点は次の通りである。まずはハッピークオリティー側の組織体制が変わった。静岡大学の峰野教授のほか、静岡大学大学院総合科学技術研究科（情報学・修士）の豊岡佑真、デンソーの元エンジニアでキュウリ農家の小池誠といった農学と情報科学に精通した人材が加わった。小池はＡＩを使ったキュウリの選別機を開発しており、メディアを通して広く名前が知られている。これで「（研究開発を）内製化できるようになった」と宮地が言う。さらに、名古屋大学の戸田陽介助教（農学・博士）も近く加わる予定だ。

農学と情報科学に精通した布陣でさっそく新たな研究開発に取りかかっている。その一つは気孔開度を「見える化」したことだ。気孔とは主に植物の葉の裏にいくつもある、一対の孔辺細胞とその周辺の細胞からなる。見た目が唇のようなそれは、光合成が盛んなときには開き、葉から水を蒸散させ、結果、根から水や養分を吸収するのを促進する。同時に光合成に必要な二酸化炭素を取り込み、酸素を放出する。多くの研究者が生きた植物の気孔が開いているかどうかを簡便に測定する方法に挑んできたものの、私の知る限り今まで成功したものはいなかった。

ハッピークオリティーが開発中なのは、スマートフォンのカメラレンズ部分に特殊な機具を取り付けて顕微鏡代わりにし、それで撮影した葉の画像をサーバーに送り、ＡＩで解

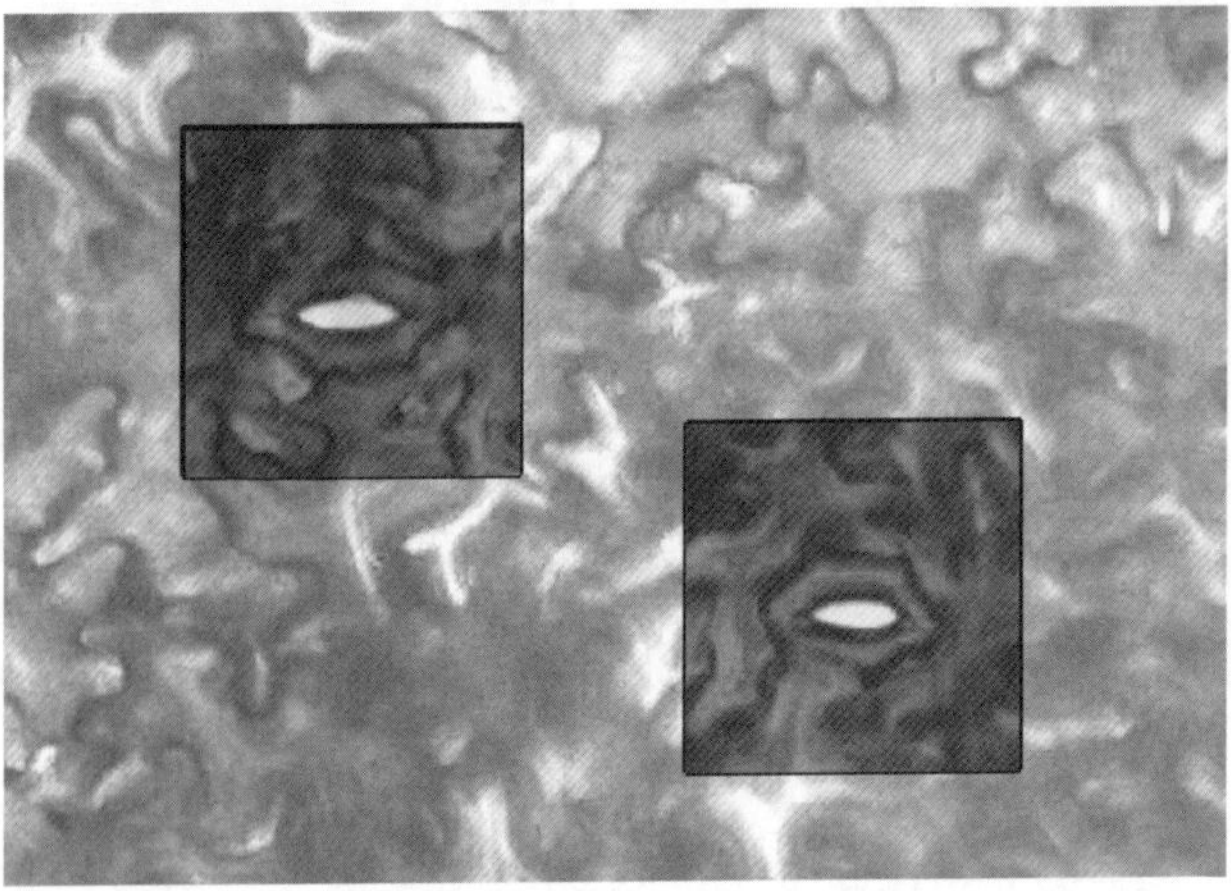

ハッピークオリティーはスマートフォンに特殊な顕微鏡を取り付けて撮影するだけで、気孔がどれだけ開いているかを「見える化」する技術を開発している

析して気孔がどの程度開いているかを見える化するサービスである。玉井によれば、トマトの糖度を上げるために水やりを抑制し過ぎると、気孔は閉まる。開度を把握することで、閉まり過ぎていないかどうかを確認し、より適切なかん水につなげられるという。

もう一つ開発中なのは、特殊なカメラを使って人のある部分（これは企業秘密である）を追うことで、その人がどんな行動をしているかを把握するサービスだ。主な目的は労務管理である。誰が、いつ、どこで、何をしていたのかをデータで捉える。そのまま記録に残るので、記帳する必要がなくなるだけではない。行動を「見える化」することで、個々人の作業と作物の生育との相関関係をたどれるようになる。

もう一つは「ライダーLiDAR」の活用。ライダーとは「Light Detection and Ranging」の略。レーザーを全方位に飛ばしてその散乱光や反射光を観測することで、周囲にある対象物の輪郭やそこまでの距離を把握する技術である。ハッピークオリティーはこの技術を使って、時系列に沿って作物の生育過程を三次元データとして構築することを狙っている。既述した人の行動のデータやハウス内の室温や湿度などの環境のデータなどと照らし合わせれば、作物の生育が何によって変化したのかを読み解けるのではないかとみている。

宮地と玉井は一連の技術を誰もが使えるようにするプラットフォームを構築するつもりだ。使うのは農家でもいいし、農家に営農指導をする企業や組織でもいい。生産に関するデータを膨大に収集して、さらなるサービスを生み出していく目論見である。現時点で詳細は明かせないが、そのために大手農業関連企業との連携が始まろうとしている。

データは21世紀の石油

以上、二つの事例を通してデータによって経費を削減したり、付加価値を高めたりできることが分かってもらえただろう。

ところで、これまで農業においてもさまざまな種類のデータが取られ、利用されてきた。それなのに、なぜ今になってデータが話題になっているのか。これには少なくとも二つの理由がある。一つは農業に限らずデータの管理手法がアナログからデジタルに移り変わっていることがある。同時にデータが量と種類、速度のいずれにおいても圧倒的な勢いで集められるようになり、そこからこれまでにないサービスや価値を生み出せるようになっているからだ。もう一つの理由は、この産業が抱えている根本的な問題を乗り越えるための最善の手段となりうると期待されているからだ。まずは前者から考察していこう。

米ＩＴ大手のシスコシステムズ Cisco Systems, Inc によると、全ネットワークのデータの月間流通量（ＩＰトラフィック）は１９８４年に17ギガバイトだったのが、２０１７年には１２１７億ギガバイトものすごい勢いで増大してきた。さらに２０２１年には2倍以上の２７８０億ギガバイトまで膨張すると予測している。

そうして膨大に蓄積されたデータは新たな価値やサービスを生み出している。そのため２０１７年夏ごろからデータは「21世紀の石油」とたとえられるようになった。

石油といえばその恩恵は我々の社会のあらゆるところに及んでいる。すでに古代より地下から湧き出る「燃える水」の存在は知られていたが、当初は先住民部族が軟膏や虫除けとして使う程度だった。それが産業になるきっかけになったのは１８５９年の米国・ペンシルベニア州。鉄道員だったエドウィン・ドレークが地下に埋蔵された石油の採掘をなしとげたことにある。世界初の石油の発掘に目を付けたのは世界経済の中心地だったロンドンの投資家たちである。新時代の燃料に投資するため、ニューヨーク・ウォール街には多額の資金が流れ込む。同時に一《いっ》攫《かく》千金《せんきん》を狙う連中が次々に油田を掘り進め、やがてオイルラッシュを生む。ジェームス・ディーンが油田を掘り当てて大金持ちになる映画『ジャイアンツ』を観た人なら当時の雰囲気が分かるだろう。

今や石油がなければ、自動車や飛行機を動かすこともできない。化学繊維やプラスチックの素材も石油である。この現代に欠かせない資源に依存しているのは農業も同じだ。田植え機やトラクター、コンバインといった農機を動かすだけでなく、園芸施設の室内を暖めるのにも重油が欠かせない。石油はビニールや育苗箱など農業資材の原料にもなっており、それらを運搬する燃料も石油を精製したガソリンである。

それではその石油に匹敵するほど、データは価値を高めてきているのだろうか。これに関しては面白い資料がある。２００７年と２０１９年８月末の世界企業の時価総額を比較したランキング。２００７年は１位がエクソンモービル（４６８５億ドル）、２位がＧＥゼネラル・エレクトリック（3866億ドル）、3位がマイクロソフト、そしてシティグループ、ペトロチャイナと続く。

それが2019年8月末時点では1位がマイクロソフト（1兆520億ドル）、2位がアップル（9422億ドル）、3位がアマゾン・ドット・コム（8786億ドル）、4位がアルファベット（グーグルの持ち株会社、8246億ドル）、5位がフェイスブック（5297億ドル）。実際にこの十数年の間で情報産業が石油産業を抜いており、「データは21世紀の石油」が決してたとえ話ではないことを裏付けている。

三つの重要データ

膨大なデータの蓄積と分析を基にビジネス展開する流れは、農業も例外とはしない。データを活用した価値やサービスの提供ですでに各社がしのぎを削るようになってきたが、用途別に収集されるデータの量や種類が飛躍的に増えるにつれ、この動きは加速するに違いない。

では、農業の場合、そもそも石油が湧き出てくる富の源泉の「油田」はどこにあるのか。まずはそこを掘り当てないことには始まらない。ここでは農業の生産に限って述べていきたい。

東京大学大学院農学生命科学研究科の二宮正士《せいし》特任教授（名誉教授）によれば、農業には大きく分けて三つのデータがあるという。1に環境、2に管理、3に生体に関するデータだ。いってみれば、この三つこそがデータ（石油）の元（油田）である。

一つ目の環境のデータというのは雨量や風速、風向、温度、湿度など植物を取りまく環境に関すること。場合によっては作物以外の微生物の働きを入れることもある。

二つ目の管理のデータというのは、人が営農する行為に関すること。種子や農薬、肥料をまいた時期やその量、農機をどの農地でどのくらいの時間をかけて稼働させたのかなど。第4章や第5章で紹介するようなロボット農機を人が遠隔地から働かせることも、これに当たる。

三つ目の生体のデータというのは作物の生育状態に関すること。葉の面積や数、茎の長さや太さなど外観に関することだけではなく、果実の糖度や酸度などである。

農業の基本的な目標は品質と収量を上げることにある。それに向けて壁となるのは環境の不確実性だ。とはいえ農作物を育てる野外の環境は変えられないし、ハウスであっても人の思い通りに変えることはまずもって不可能だ。そうであれば目標を達成するには環境に応じて人間が適切な営農をしなければならない。それは、たとえば種子や肥料、農薬をまく時期や量などを見極めることである。二宮は「それを判断するうえで大切なのが、三つのデータをきちんと集めること。そして、蓄積したビッグデータを解析して科学的な農業をやっていく。これがデータ農業の基本になります」と語る。

つまり農業や関連産業でデータを活用していくのであれば、環境と管理、生体という三つのデータを押さえることが大事になるのだ。そこで気になることがある。そもそも、それぞれのデータは十分に収集できるようになってきたのか、ということだ。三つのデータについてそれぞれみていこう。まずは環境データについて。

「一番簡単に収集できるのは環境データで、気象センサーを中心に多くのメーカーがそのためのセンサーを出しています。最近では水位センサーも登場し、水管理につなげようとしています」（二宮）

田畑に設置して気温や湿度、雨量などを計測するセンサーが多数登場し、定点観測ができるようになっている。約1キロメートル四方ごとの日別気象データであれば、農林水産省系の研究機関である国立研究開発法人の農業・食品産業技術総合研究機構（以下、農研機構）が開発した「メッシュ農業気象データシステム」を利用すればいい。１９８０年1月

1日から現在時の翌年の12月31日までの期間、日ごとの気温の平均や最高、最低のほか降水量や日照時間など14種類の気象データに加え、予測データも手に入れられる（ただし、一部のデータには2008年以降のものがある）。

水位センサーとは田の水位を計測するセンサー。稲作農家は田植えをしてから稲刈りをする直前まで毎日のようにすべての田を巡回して、水位を確かめている。もし水位が基準より低くなっていたら、水田に出向いて取水口である「水口《みなくち》」を開け、用水路から水を引き入れる。あるいは水温が基準より高くなっていたら、同じく水口を開けて田に冷たい水を引き入れ、水温を下げる。

とりわけ近年は「高温障害」が問題になっているので、水管理の重要さは高まるばかりだ。どういうことかといえば、最近は夏場になると異常なほどの高温になりがちで、そうなると稲は水を吸うよりも蒸散するほうが活発になる。結果的に稲が蓄えるべきでんぷんが穂にたまらず、実らなかったり、下手すると枯れてしまう。たとえ実ったとしても、粒は細長くなったり小さくなったりする。もちろんそんなコメがうまいはずがない。水管理は地味ではあるが、コメの食味や収量を維持するには欠かせない仕事なのだ。

続いて管理のデータについて。「多くのメーカーが（データを管理するツールを）出しています。入力は、完全自動化までいってないにせよ、手軽にできるようになってきました」

管理のデータを今もって手書きする農家は多い。ただ、農業資材メーカーやICTベンダー（ICTのソフトウェアやサービスなどを販売する企業）が管理のデータを簡易に入力したり出力したりするシステムを開発し、次第に普及してきている。

本書で追って紹介していく通り、農畜産物のあらゆる品目でこうしたデータの入力や出力が簡易にできるサービスが登場している。対して二宮が「問題」としたのは3番目の生体に関するデータだ。「作物をモニタリングできないと、手の打ちようがないことが多々あるので、情報としては非常に大事です」。ただ、「こちらも技術は少しずつ進歩していますが、環境や管理のデータと比べれば、まだこれからでしょうか」とのこと。では、どんな研究が進んでいるのか尋ねると、次のような答えが返ってきた。

「たとえば、ドローンで効率的に圃場全体をモニタリングする研究はかなり進み、徐々に実用化が始まっています。現状だと個体レベルというよりは個体群レベルでどれくらい生育しているかをみます。生育のむらをみて可変施肥につなげたり、病気の発生を効率的に把握するのです。ただ、だいたいにおいて外観から判断するだけで、中身を簡単にみるところにまでは至っていません」

「中身をみる」とはどういうことだろうか。

「生育途中での植物体の内部を非破壊で簡便に検査することですね。たとえばどの栄養が多いのか少ないのかを知りたいわけです。人間が血液検査を受けるイメージといっていいかもしれません。それからどれくらい光合成をしているかも知りたいわけです。それが緻密な水の管理につながるので。面白い研究がいくつか進んできていますね。もう5年もすれば生体に関するデータもいろいろと取れるようになってくるでしょう」

それは農業でもビッグデータの世界が近づいているということだろうか。

「そうですね。気軽に使えるモニタリングデバイスが登場してくれば、ぐっとその世界に入っていくかもしれません」

農業の根本問題を解く鍵

農業でデータが話題になっているもう一つの理由として、この産業が抱えている根本的な問題を乗り越える手段になりうると期待されていることが挙げられる。農業で目下最大ともいえる難事は、高齢になった農業就業者がこれから一斉に辞める「大量離農」による影響を最小限に抑えながら、産業としてどう再構築するかである。日本の農家の平均年齢は世界でも突出して高い。2000年61・1歳、2005年63・2歳、2010年65・8歳と上がってきている。そして2015年には66・4歳に達した。これは日本社会全体の高齢化率が26・7パーセント（2015年）と世界一の高さであるから当然である。ちなみに2位はイタリアの22・4パーセントである。

当然ながら、日本の農家の廃業が世界でも稀に見る勢いで進んでいる。今後、この傾向にさらに拍車がかかるのは間違いない。というのも農家の実質的な定年は70歳だからだ。2015年時点での平均年齢が66・4歳を迎えた以上、これから数年以内に「大量離農」が起きるのは確実である。

これに関してはさまざまな予測が出ている。たとえば宮城大学の大泉一貫《かずぬき》名誉教授は2015年に137万戸だった農家戸数は2025年にほぼ半数の72万戸、2030年に40万戸にまで減ると予測する。15年で3分の1以下になる計算だ。

こうした急激な構造の変化は農業という産業に大きな亀裂を生む。つまり大量離農は農地の大量放出に直結する。残る農家がそうした農地を引き受けながら、やみくもに人や設備への投資を進めてしまえば、次々と経営破綻しかねない。現状のままで面積を広げた先に待っているのは、栽培の管理が行き届かない田畑の発生である。

　稲作の場合、先に触れた「高温障害」対策のための水の管理が重要になる。それに、生育の様子を確認しながら、与える肥料の匙加減をする追肥《ついひ》といった行為の重要さも増している。気候変動による温暖化の影響なのか、夏場の異常高温でコメが白濁する症状が多発しているからだ。農地が広がれば、一枚一枚の田の状況を丁寧に見て回る余裕はなくなってくる。

　そもそも田の枚数が増えすぎた結果、自分たちの田の位置がよく分からなくなり、誤って他人の田で田植えや稲刈りをしてしまうといった事態も発生している。というのも北海道を除けば日本の農地は経営体ごとにまとまっていない「分散錯圃《ぶんさんさくほ》（圃場があちこちに分かれていること）」の状態にある。つまり農家Aが耕す田の左隣は農家Bの田、右隣は農家Cの田といった事態は当たり前にある。大量離農とともに周囲の農家から委託される農地は急増し、何百枚とか何千枚という農地を耕す経営体が出てきて、分散錯圃はより深刻になっている。もとよりそれぞれの田に地番が書いてあるわけでもない。事前に地図を頼りに現場に向かうものの、新入りでなくとも間違って隣の田で田植えや稲刈りをしてしまうのもやむなしである。データを活用することでそうした事態を防ぐことができる。あらかじめＧＩＳ（地理情報システム）の地図で作業すべき田をピン留めすれば、スマートフォンのＧＰＳ（全地球測位システム）機能でそこまで道案内してくれるからだ。

ただでさえ農業は衰退の度を深めてきた。農業のＧＤＰとされる総産出額は１９８４年に11・７兆円だったのが２０１７年には９・３兆円となり、33年ほどで２・４兆円も下がってしまった。ここにきて始まりつつある大量離農による問題を放置しておけば、産業として崩壊しかねない。

担い手のほぼすべてがデータを利用する時代へ

こうした差し迫った困難を乗り越えるために注目されているのがデータなのだ。逆にいえば、農業就業者の高齢化で大量離農を迎える日本の農業は、データの活用と向き合わなければいけないのである。裏を返せば、それは農業の変革にとって最大の好機ともいえる。この好機を生かせるかどうか、そこにこの国の農業の命運もかかっている。

こうした認識から政府は２０１８年に閣議決定した成長戦略「未来投資戦略２０１８」で、農業分野の重点施策として「データと先端技術のフル活用による世界トップレベルの『スマート農業』の実現」を掲げた。スマート農業とはデータやロボット、ＡＩを活用するなどして「超省力化と高付加価値化」を狙う農業のことだ。同戦略は2025年までに地域農業の担い手のほぼすべてがデータを活用した農業を実践することを目指している。

そのための基盤となることを目的としているのが農研機構の「農業データ連携基盤（ワグリWAGRI）」だ。これはWA（輪・和）+AGRI（農業の）の造語である。農業でもここにきてICTやロボットに関する製品が続々と投じられ、さまざまなデータの収集ができるようになったことはすでに述べた。農林水産省が2019年度からスマート農業の開発や普及の事業を予算化したことで、これからその動きは加速するとみられる。ただし、問題はシステム間の相互連携がほとんどないことだ。メーカーによってデータの形式が異なり、それらがばらばらに存在しているような状況にある。このため利用者にとってみれば、データを収集し、管理や分析して、営農に役立てるのに時間も手間もかかる。

この悩みを解消することを狙うのがワグリだ。会員となる民間企業や官公庁などがもっている気象や土壌、農地、市況など営農に関するあらゆるデータの形式を整備。同じく会員となる農機メーカーやICTベンダーは、一連のデータをワグリから取り出して、利用者である農家らに役立つサービスを提供する。

こうした動きを加速するには、まずは農業のデータを収集しなければならない。では、そのデータはそもそもどこにあり、どうやって収集すればいいのか。もちろん収集しただけではデータに何の価値もない。どう農業の発展に活かすかが問われてくる。そのうえで課題や壁となることは何か。こうした点について次章から一つひとつみていき、日本型データ農業の展望を描いていきたい。

第2章　進化する植物との対話

データを取るだけの植物工場

それは何も知らない人がみれば、不思議な光景と感じる動画だった。長年にわたり農業の取材をしてきた私でさえ、データ農業について調べる前であれば、首をかしげてしまっていただろう。その動画に映っていたのは、光が差す植物工場のような空間で、植物が入った無数の鉢がベルトコンベアーの上を一定の間隔で次から次へと流れていく様子だった。その途中、空洞のボックスがあり、すべての鉢はその中を通るようになっている。辺りに人がいるわけではなく、ただ延々とこの動きだけが続いていく。この植物は苗として植えられてから枯れるまでずっと動画を撮られ続ける。要は植物が生長する様子がデータとして時系列に集計されていくわけである。いったい何が起きているのだろうか。

「生体のデータを取っているところです」

欧州で撮影してきたというこの動画を見せてくれた研究者からは、こんな答えが返ってきた。第1章で農業の生産に関しては三つのデータがあることを述べた。環境、管理、生体だ。この動画のように、欧米の農業先進国では生体のデータを集めるだけの植物工場が存在するのだ。環境と栽培管理の影響を受けながら、植物は時間とともにどんな生長をしているのか……。生育の様子を画像データとして撮り溜め、そこから育種や栽培に関する何らかの気づきを得ようとしている。このように生体に関する研究である「フェノミクス」が今、欧米を中心に盛んになっている。既述のように環境や管理のデータは技術的にかなり取れるようになっている。一方、生体のデータは十分に取れているとはいいがたい。だからこそ未知の領域の解明に向けて先進諸国は熱戦を繰り広げているのだ。

そこで本章ではまず、フェノミクスとはどんな研究なのか、それが盛んになってきた背景に何があるのかをきちんと伝えたい。それを知るためにインタビューしたのは、前にご登場いただいた東京大学大学院の二宮正士特任教授である。以下の内容はそのインタビューに基づいている。

論文数はここ7、8年で10倍に

フェノミクスについて理解するには、まず「ジェノタイプ」と「フェノタイプ」という言葉を押さえなければならない。ともに育種における植物の性能を評価する対象であり、日本語ではそれぞれ「遺伝子型」と「表現型」と呼ばれている。遺伝子型とは個々の生物がもつ遺伝子の構成であり、表現型とはその遺伝子型が形質として現れるものだ。表現型とは、目に見える草形や草丈はもちろん、果実の糖度や酸度、光合成など目に見えないものも含む。つまり植物のあらゆるパフォーマンスは表現型、つまりフェノタイプである。そしてジェノタイプを解析することを「ジェノタイピング」、フェノタイプを計測することを「フェノタイピング」と呼ぶ。「フェノミクス」とはそうしたフェノタイピングに関する研究を指す。一方、ジェノタイピングに関する研究は「ジェノミクス」と呼ぶ。そもそもフェノミクスという言葉はいつごろから使われるようになったのか。

「はっきりとは分からないものの、ざっとこの10年から20年の間のことかと思います」

こう振り返る二宮が大学生だった40年以上前には少なくともなかった言葉だそうだ。二宮が大学生だった当時のフェノタイピングといえば、草丈や病気の徴候などをメジャーや目視で行う古典的手法が当たり前で、基本的に新たな技術の開発はなかった。それがここ7、8年で世界におけるフェノミクスに関する論文の数は10倍ほどに増えたとか。なぜか。

「ジェノミクスが急速に進展したからです」

かつてジェノタイプを解析するのには膨大な時間と費用がかかっていた。ただ、2000年代半ばに米国で登場した次世代シーケンサーという装置によって遺伝子の塩基配列を解析する技術が急速に発達し、今では解析にかかる費用は10万円、日数は1日でできるようになっている。対してフェノミクスはどうかというと、今もって人の手や目に頼っているという。

「目視や人手をかける作業は多いですね。育種では1000種類から選抜していくことも稀《まれ》ではありません。それぞれ草丈を測ったり耐病性をみたりするので、手間もかかるし費用も膨大です」

しかし、フェノタイプの情報がないと、遺伝子がどう機能しているかが分からない。ジェノタイプの情報だけもっていても宝の持ち腐れというわけである。

「育種においてジェノタイピングとフェノタイピングは対で考えないといけないんですね。だったらフェノタイピングを高速化する必要があるというので、その研究が盛り上がってきました。もちろんセンサーやドローンが登場するなど、フェノタイピングに使える技術が発達してきたことも無視はできません」

技術の進化で、フェノタイピングを高速化することが可能になりつつある。たとえばAIを使えば、人間が目で見て判断していることはほとんど代替できてしまう。ドローンで画像を撮れば、どこに、どれだけの花が咲いているといった情報は比較的簡単に得られる。フェノミクスは急速に発展している最中なのだ。

フェノミクスの発達により期待できることの一つは、育種の高速化だ。

「確かに育種を早めるにはフェノミクスがボトルネックでした。ところが、さまざまなデータが時系列で取れるようになり、今まで点だったデータが線になっています。データが線になると、新たな発見につながる。たとえば葉っぱ一枚ごとの角度を時系列で計測し、光合成を最大化できる動きを追っていく。そうしたデータが膨大になれば、育種はデザインする時代に入っていきます。数理モデルを作り、交配する品種のデータを入れ込む。そうすれば栽培しなくても、シミュレーションでどういうパフォーマンスをするかは予測できるようになるでしょう」

二宮が分かりやすい例として挙げたのは果樹。たとえば甘い品種が欲しいとき、従来の育種法では苗木を植えてから実がなるまで数年かかり、そこで初めて選抜を開始する。ところが、数理モデルができていれば、交配して種子を得た段階でどういうパフォーマンスをもつのか予測できてしまう。これは育種の高速化にとってものすごく大きいことである。予測の精度はさほど良くなくてもかまわない。種子の段階で駄目なものだけでも分かれば、それだけで選抜する数は減らせるからだ。しかも、これは遠い先の話ではなく、すでに米国では乳牛の品種改良で実用化されているという。

加えて二宮は、フェノミクスが有用なのは育種だけではなく、「農家の圃場で生育をモニタリングするのにも十分に使えます」と言う。植物がどういう状態に置かれているのかを知るのに、無人ヘリやドローン、センサーなどで得たデータを分析し、ざっくりとつかむ技術はすでに利用されてきている。そうしたデータはＰＤＣＡへの活用が期待できる。ＰＤＣＡとは生産や品質などに関する業務管理を円滑にする手法の一つ。すなわち「ＰＬＡＮ（計画）」「ＤＯ（実行）」「ＣＨＥＣＫ（点検・評価）」「ＡＣＴ（改善）」というサイクルを繰り返すことで、業務を改善していく手法だ。

ただ、残念ながら現段階ではＰＤＣＡのうち、「ＣＨＥＣＫ（点検・評価）」をしたくてもできない事情が農業にはある。それは一枚の農地ごと、あるいはその農地の箇所ごとの収量がつかめないこと。コメや麦ではセンサーが組み込まれた特殊なコンバインで刈り取れば、農地一枚ごとの収量は自動的にデータ化されるようになっている。ただ、それ以外の作物ではそうした収穫機が実用化されていると聞いたことはない。収量が分からなければ、改善できることも限られる。

そんな現状に風穴を開ける試みが始まっている。挑戦者は第1章にも登場した北海道帯広市の道下広長農場の代表、道下公浩である。70ヘクタールで小麦と馬鈴薯、ダイコン、ナガイモを作っている。生産において目下の懸念の一つは収量が上がらなくなっていることとで、原因を突き止めて解消したい。そのためには畑ごと、さらには畑の箇所ごとに作物の収量を把握したい。

そこで協力を依頼したのは北海道大学大学院農学研究院の岡本博史准教授。岡本の属する生物環境工学科の研究室ビークルロボティクスは2018年から、小麦と馬鈴薯、ダイコン、ナガイモについて収穫と同時に作物を撮影し、そのデータを解析することで収量を推定する試みに取り組んでいる。

ナガイモを収穫する際、まずはトラクターに取り付けたプラウ（鋤《すき》：土壌を耕起する農具）で土ごと掘り上げる。ナガイモは地面に土塊ごと放置された状態になる。トラクターの後ろから何人かが歩いてついていき、ナガイモに付いた土を払いながら地面に並べていく。さらにその後ろから人と別のトラクターが追走する。このトラクターはナガイモを運搬するための鉄製コンテナを載せたトレーラーを牽引《けんいん》しており、人がナガイモをそこに詰め込むといった流れ。

2018年の実験では人が並べたナガイモをカメラで撮影し、AIによって一本ごとに認識。カメラで捉えたそれぞれの画像上の面積と形状を計測し、そこから収量を推定する。カメラにはGPSを取り付けることで、それらのデータと掘り取った畑の位置を紐付けら

れる。結果、地図上の位置ごとの収量が把握できると考えている。「かなりの精度で収量を推定することに成功した」（岡本）

続いてダイコンも専用のハーベスター（収穫用の機械）で土から抜き取り、ベルトコンベアーで機上に搬送する過程で撮影。AIによって一本ずつの面積や形状を計測し、収量を推定する。

一方、小麦と馬鈴薯についても同様の実験をしたものの、現時点では改善点が多いとのこと。今回試験の対象としたのは農業王国・十勝地方にとっていずれも重要な品目。持続的な生産を支えるうえでデータの活用が欠かせないだけに、研究の今後の進展が待たれている。

フェノミクスとは、いってみれば「植物との対話」だ。植物がどうやって生育しているのか、それを目に見えるところ、見えないところの両方から探る深遠な試みである。そこから今育てている作物のより適切な管理に活かすだけではなく、新しい品種の開発にもつなげられる。国内でその研究の先端をいくのが、国立研究開発法人・科学技術振興機構の戦略的創造研究推進事業における個人型研究「さきがけ」である。言葉通り世界に先駆けて科学技術イノベーションのタネを生み出すことを目的とした事業である。その一環として2015年度から始まったのが、情報科学との協働で農産物の革新的な栽培手法の技術基盤を創り出す研究である。情報科学と農学との連携により「植物との対話」に新しい扉が開かれようとしている。植物一つひとつにその置かれている状況を聞き取る作業が続けられている。

ドローンの画像から個体ごとの生育情報を把握

茨城県つくば市にある農研機構農業情報研究センターの杉浦綾《りょう》上級研究員は「さきがけ」の研究課題で、ドローンで大規模な畑を空撮し、その画像から作物の個体ごとの生育情報を抽出することに成功した。群落だけではなく一株ごとに生育量を把握。そこから一株ごとの収量も推定できるようになったのだ。大規模な畑において一株ごとの生育量や収量を把握する技術は「おそらく世界初」という。

「広い畑で作物がどうやって育っているのかを効率的に見られるようにしたかった」

杉浦は今回の研究を手掛けた動機についてこう語る。このような思いが頭に浮かんだのは2011年、同じく農研機構九州沖縄農業研究センターから転任し、2019年2月末まで在籍していた同・北海道農業研究センター時代のことだ。同センターの研究拠点がある十勝地方の畑は「一筆の平均面積は数ヘクタールで、10ヘクタールに達するところも少なくない」と杉浦は言う。都府県の平均面積は20アール強なので格段に大きいといえる。

これだけの規模になると、一枚の畑の中でも作物の生育にばらつきが出やすくなる。ばらつきの度合いが大きいことが、全体の収量の低下と品質を下げる要因になるのはいうまでもない。ばらつきの度合いを小さくするには、畑での緻密な栽培管理が求められる。十勝地方の農家からは、ばらつきの度合いを小さくしたい、という要望がいくつも寄せられていた。「十勝地方の農家は、畑が大きいからといって荒っぽく管理するのではなく、可変施肥でより精密に管理をしたいという要望をもっているんです」。ただ、ばらつきを把握するといっても、ざっと見たところでは視認できない。畑に入り、時間と労力をかけて確認していかなければならない。

一方、研究者も日々の仕事で似たような悩みを抱えていた。北海道農業研究センターの研究者は誰もが担当する畑をもち、そこで作物を育てている。その過程で生育の調査をするが、これまでは人力に頼るしかなかったからだ。「畑に入って作物の草丈をメジャーで測ったり、生育の良し悪しや病害の発生状況を目で確かめたりしています。これが非常に大変。なぜなら炎天下の畑を歩き回らないといけないから。時間も労力もかかるんです」

人力なので作業量に限界が生じる。それはつまりデータ量が制限されることでもある。「一日かけて取れるデータはせいぜい数十点から多くても100点。もっとデータを増やせれば、作物について色々と面白いことが分かるに違いない」

20万円でドローンを自作

そう思った杉浦が目を付けたのが空撮の画像だった。北海道農業研究センターでは麦の生育情報を得るのに無人ヘリコプターでリモートセンシング（人工衛星や航空機などに搭載した測定器を用いて、離れたところにある物体の形状や性質などを観測する技術）をする研究が進んでおり、その経験から空撮の画像が作物の生育情報を得るのに役立つことを知っていたのだ。ただし、今回の研究で使ったのは無人ヘリコプターではなくドローン。なぜドローンだったのか。

「理由ははっきりしています。ドローンはヘリよりも機体の構造が単純で、メンテナンスが格段に楽です。機械の故障も起きにくいし、何より安定感が違います。プロペラが8枚あり、飛行中に1枚や2枚が止まっても、残りのプロペラで飛んでいられるので、墜落のリスクは無人ヘリより低いのです」

杉浦がドローンで撮影した画像を基に作成した馬鈴薯の三次元データ（写真のようだが、データ画像である）

といってもドローンが一般に普及している現在と違い、研究を始めた9年前は特殊な用途の機器としてのみ市販されていた。「1機1000万円はしたので、とても手が出せませんでした」。そこで杉浦は計測用のドローンを自作することにした。モノづくりは学生時代から好きで、取得したのは農業機械学の博士号。約20万円で必要な資材をそろえ、初号機を完成させた。初回の飛行では「墜落しないようにと地上から祈るばかりだった」が、見事に空を舞った。

あらかじめプログラムした目標経路に沿って、GNSS（全球測位衛星システム）で自律飛行し、搭載した一眼レフデジタルカメラで畑を空撮する仕組みだ。使用方法が簡単であることに加えて、運用コストも低いので、頻繁に撮影できるのも長所だ。最初に撮った1枚を見たときは感動したという。空撮画像から得られた生育情報は、目視評価と比較しても十分な精度だった。

とはいえ、ドローンを使うことには賛否両論があったそうだ。「飛行が不安定で使いものにならないのではないか」「上空から見ることでいったい何が分かるのか」。研究を始めたのは9年前。当時は多くの研究者にとってドローンを農業に活用することが未知の領域だったのだ。今では農薬や肥料を散布するドローンが発売されたり、リモートセンシングに利用されたりしつつあることを思えば、技術の進歩というのは急速であることにあらためて驚かされる。

個体ごとの収量も推定可能に

さて、杉浦が苦労して自作したドローンを使って撮影した場所は、北海道農業研究センターが芽《め》室町《むろちょう》に抱える100ヘクタールという広大な農場のうちの4ヘクタール。さきがけのプロジェクトで対象とした作物は北海道の主要品目である馬鈴薯である。芽を出してから収穫時期に至るまでの5～9月の期間、2～3日に1回の頻度で空撮した。

3年かけて集めた膨大な画像を機械学習によって解析した結果、大きく分けて二つの成果を挙げた。一つ目は生育情報の抽出手法を開発したこと。二つ目はそこから収量を推定できるようにしたことだ。

最初の生育情報の抽出手法では、空撮した画像を解析し、三次元データを構築することに成功した。定期的に撮影することで、馬鈴薯が芽を出してから収穫時期に至るまでの様子をコンピュータの画面上で時系列で再現できるようになったのだ。それで把握できるのは被覆面積と草丈、地上部の体積、反射率（葉色）といった生育量である。

強調すべきは群落ではなく個体の生育量を抽出できるようになったことだ。一連の情報を基にして今度は地下部の塊茎の質量、すなわち馬鈴薯の収量を推定する方法も編み出した。この点については今後公表する予定である。

収量を推定できることは何の役に立つのか。まず期待できるのは一株ごとの緻密な肥培管理だ。種まきや苗を植えた後、作物の生育に応じて肥料をまく行為に「追肥」がある。前章で触れたように、最近では農地のマップを網の目に区分して、それぞれの地力に応じて追肥する量を調整する「可変施肥」という技術が広がりつつある。より細かく緻密に散布する技術が誕生すれば、一株ごとに追肥する量を変えることも現実味を増す。

もう一つは加工工場の稼働計画の効率的な立案に役立つことだ。北海道産馬鈴薯の多くはポテトチップなどの加工用に回される。それらの加工工場は産地に設けられており、馬鈴薯は収穫されるとすぐさまそこに送り込まれる。あらかじめ畑ごとの収量が予想できるのであれば、加工工場の稼働計画を立てやすくなる。

杉浦は研究の仕方も変わるとみている。「栽培の研究者はこれまで生育を調査するうえで手作業が求められるので、広い面積での試験研究ができなかった。それが今後は調べたいだけ畑で作物を栽培できるようになるのでは」

今回の研究で苦労したことといえば、データの質が安定しなかったこと。データサイエンスに付きまとう問題である。とりわけ農業が厄介なのは基本的に野外で栽培するので、天気の影響を受けやすく、収集できるデータの質が安定しない。そのせいで「機械学習させるのにとにかく時間がかかった。この経験からデータは質が大事で、そのためにデータクレンジングも必要ということがよく分かりました」

データクレンジングとはデータの重複や誤記、表記の揺れを検出して、それらの削除や修正、正規化などを通じてデータの高品質化を図ることを指す。データは、取れば取るほどに多くの知見を得ることができる可能性を秘めているが、そのためにはデータの質も大事というわけだ。

もう一つ苦労した点を挙げれば、空撮した画像の価値についての理解を得にくかったということだ。既述した通り、これまで生育調査は研究者が圃場に入って目視することが当たり前だったので、空撮した画像の価値を認めてもらいにくかった。

この点、本研究領域の研究統括である東京大学大学院の二宮には勇気づけられたという。「研究を進める過程で賛否両論ありました。そんなときでも二宮先生は『周りは気にするな、どんどんいけ』と後押ししてくださった。そうした雰囲気をつくってくださったのはありがたかった」

全国の研究者の地域課題解決をサポート

そんな苦労の末に生み出した今回の研究成果は当初の想いを超えて、土壌状態の把握にも技術が応用されようとしている。2016年8月、北海道を大型台風が立て続けに襲った。被害実態の調査で被災した農地の上空をドローンで空撮し、画像を三次元データに構築したところ、削られたり水没したりした農地の実態を定量的に捉えることができた。そこから災害復旧にかかる土砂の必要量やそれを確保するための予算を迅速に割り出すことにつながったのだ。

農学と植物科学の将来や情報科学との協働の意義について、杉浦は次のように語る。

「効率的にデータを取るのに自動化やロボット化は欠かせません。データを取るほどに面白いことが分かるので、これからの農学や植物科学にとって情報科学との連携は必須になってくるでしょう。SFに登場するような技術が現実になる時代です。農業もかなり突拍子もないことをやってもいいのではないでしょうか」

植物科学と情報科学とをつなぐ研究を国家的に推進する機関の一つが、2018年10月に誕生した、農研機構理事長直属の農業情報研究センターだ。政府が掲げる「Society5・0」を食と農の分野で実現するため、AIやビッグデータの研究を進めると同時にそれに長けた人材も育成する。そのために全国にある農研機構の拠点から研究員を招き、約2年にわたってAIや機械学習の農業への応用について集中して研究してもらう。

杉浦の仕事はそうした研究員を指導すること。一人ひとりの研究員はそれぞれの地域に沿った課題プロジェクトを持ち込んできている。この点、杉浦にとっては、北海道農業の課題解決のため今回の研究を手掛けた自身と重なるという。「農研機構の地域拠点は地域の農業問題と無関係ではいられない。自分の専門は別にあるから手掛けられないなんて言っていられないんですね。ですので指導する研究者にも、研究のための研究ではなく、問題解決のための研究に専念してもらいたいと思っています。私としても最終的には実用展開できるようサポートしていくつもりです」

植物の体調をリアルタイムで診断

以上の話からデータを活用して植物との対話が深まっていることを理解してもらえたはずだ。いずれの技術も共通していたのはリモートセンシングするのが作物の外観であった点。つまり基本的に対象とするのは肉眼でも確かめられる葉の大きさや草丈である。人間に置き換えれば、健康診断で体重や身長を計測することと同じである。もちろん人の健康状態を判断するうえではそれだけでは不十分で、より詳しくは血液検査に頼るしかない。それによって内臓器官の状態やウイルスの感染の有無を把握できる。この血液検査が植物でも実用化されようとしている。教えてくれたのは東大大学院の二宮だ。

「詳しく知りたいなら、名古屋大の野田口《のたぐち》さんを訪ねたらいかがでしょう。とても面白い研究をしていますよ」とのこと。私は名古屋に向かった。

名古屋市千種区にある名古屋大学農学部の研究室。面会した生物機能開発利用研究センターの野田口理孝《みちたか》准教授は思っていたよりもずっと年齢が若かった。38歳。若年ながら准教授であるのは相当な研究実績を収めているから。その一つは古典的な農業技術である接ぎ木に関するブレークスルーだ。

接ぎ木とは二つ以上の植物を切断面で固定し、一つの植物として生育させる技術で、2000年以上前から受け継がれてきた。目的はそれぞれの植物のいいとこどり。たとえば病気に強くて味はそこそこのミカンと、味が良いけれど病気にはさほど強くないミカンがあったとする。両者を接ぎ木することで、病気に強くて味が良いミカンを作る。ただし、接ぎ木には制限がある。近縁種では接げるものの、遠縁種になるほどそれが難しくなるのだ。そんな常識を打ち破った野田口の研究成果とは、タバコ属の植物がまったく別の種の植物に接げることを発見したことだ。ナス科やマメ科など70種類以上の植物と接ぎ木となることを確かめた。この事業も詳細をたどると面白いのでさらに紹介したいのだが、別の機会に譲りたい。今は植物の血液検査だ。

「生育中の植物の体調をじかに知り、栽培の管理や病気の予防につなげたい。そのために注目したのが師管なんです」

こう語る野田口らの研究チームは、植物の葉から搾り取る微量の液体から、植物の栄養や健康の状態を短時間で診断する方法を開発した。今後は診断の利便性を上げて、まずは研究者向けに2022年までに実用化を目指すという。

植物の茎や根を輪切りしてみると、その断面には道管と師管が束になった維管束が存在する。道管は水や水に溶けた土中の肥料の通り道。一方、師管は光合成によって葉で作られる養分の通り道である。ただ、これらは教科書的な説明に過ぎない。最新の植物科学はそこで何が行われているかを解き明かしている。それは、道管も師管もその中を通る分子同士が「会話」をする場所である、ということだ。後ほど説明していくが、たとえばそれらの分子は植物の栄養や健康の状態に関する情報を伝達している。これは植物科学者の間では常識になりつつある。

少し前まで植物の生理はもっと単純に考えられてきた。ただ、植物がヒトと同じだけの進化の歴史があることを踏まえれば、あまりに植物を馬鹿にした話といえるだろう。「ヒトがこれだけ身体的な機能を発達させる一方で、かたや植物がそんなにシンプルなはずがない。学術的な話をすれば、単細胞ではなく多細胞の生き物の場合、芽や花など複雑な機能をもつ。一個の生命体としてそれぞれの機能をコントロールする必要がある。では、そのために植物はどうしているのかといえば、20年前まではこう考えられていました。つまり植物に低分子のホルモンが10種類くらい見つかったので、それが使われているだろうと。ただ、それはあまりにおかしな話で、わずか10個のボキャブラリーだけで緻密な挙動ができるはずもない」

この懐疑が正鵠《せいこく》を射ていたことを証明したのは微量分析の発達だ。極めて微量な試料からDNAやタンパク質などの生化学分子を検出して解析する技術が高度化してきた。その結果、植物の生化学分子が器官と器官との間で何らかの情報を伝達していることが分かってきたのだ。

野田口の研究チームはこうした背景をもって始動した。彼らが対象としたのは師管。その中には師管液が流れており、そこには情報伝達の役目を担うさまざまな分子が存在する。研究チームはその分子を調べ上げ、リスト化した。野田口は「たとえば植物体の中でも肥料を消費している部位が、『肥料が足りない』と判断すれば、その情報を師管に投げて、根に肥料をもっと吸ってくださいと伝える」と説明する。

リン不足とウイルス感染を検出

現時点で情報伝達の役割を果たしていると突き止めたのは、特定のマイクロRNA（リボ核酸）とタンパク質について。このマイクロRNAはリンの吸収を根に促し、もう一つのタンパク質は植物がウイルスに感染していることを伝える役目がある。

研究チームは葉の搾り汁から特定の分子を同時に検出するキットも開発。このキットの流路に搾り汁を流すと、目的の分子があれば蛍光を発する仕組みになっている。これで先ほどのマイクロRNAとタンパク質を検出できるようにした。

プロトタイプでは診断に必要なのは葉から搾り取った液体の量が20マイクロリットルで、検出時間が2時間以内。実用化にあたってはそれぞれ2マイクロリットル、20分以内を目標にしている。

今後、いずれの分子の役割を優先的に解明して、キットで検出できるようにするのか。野田口は「種苗会社や県の農業試験場などのニーズを聞きながら決めていきたい。おそらく病気に関するものになるのではないか」と話している。

病気を早期に防いだり肥料の過不足を判断したりするという点では、画像診断による試みが始まっている。見た目に現れる症状や葉色を画像診断するわけだ。ただ、これだと事後対応になってしまう。一方、今回の技術は症状が外観に現れる前に特定の分子を検出し、栽培の管理や病気の予防につなげられる。

実用段階では、JAの営農指導員や都道府県の普及指導員らが農家の圃場でこのキットを使って植物を診断し、そのデータを分析センターに送って解読。その結果に応じて適切な栽培法や病気の予防法を農家にフィードバックするような仕組みを野田口は考えている。

育種の加速にも貢献

野田口は今回の研究成果は育種の効率化にも寄与できるとみている。現状の育種では交配した数多くの系統が、置かれた栽培環境の中でどう生育していくかを最後までみながら、選抜を繰り返していく。一方、今回の技術を使えば、狙った特性をもっているかどうかは、植えてからすぐに分子レベルで判断できる。「この技術を使えば育種はかなり加速するでしょう」と言う。

環境と管理、生体という三つのデータのうち収集が遅れているのが作物の生育状態に関する生体データである。リモートセンシングの技術は発達してきたものの、あくまでも外観から作物の状態を間接的に知る手段に過ぎない。作物の中で何が起きているのかをリアルタイムに知る方法はほとんどなく、それだけに今回の研究が秘めている可能性は大きい。

日本が挽回するのは野外フィールド

以上、植物との対話が農業の発展にとっていかに重要かについて理解してもらえただろう。そこで気になるのは世界における日本の状況だ。

「残念ながら日本は出遅れていますす」。こう指摘するのは、本書でたびたび登場する東大大学院の二宮だ。欧米諸国は10年ほど前からこの分野に投資をするようになり、その中核機関として各国にプラント・フェノタイピング・センター（PPC）を設立してきた。本章の冒頭で紹介したデータを取る植物工場がまさにそれだ。最も早かったのはオーストラリア、続いてドイツやフランス、英国、米国など。各国では関連するベンチャー企業も登場している。アジアでいえば中国が最近になって投資を始めている。対して日本ではフェノミクスに関する常設の機関はない。

「私がリーダーを務める東京大学国際フィールドフェノミクス研究拠点がほとんど唯一の研究機関ですが、これは常設ではなく、プロジェクト予算でつくりました。その予算がなくなれば消える可能性は高い」

なんとも寂しい状況なのが日本の実態なのだ。では、日本が挽回《ばんかい》できる余地がないのかといえば、そうでもないという。

「野外フィールドならその余地があると考えています。というのも、10年以上前に始まった欧米諸国によるフェノミクスの対象はしばらくは人工施設でした。最初に使ったのは作物ではなくシロイヌナズナ。ポットに植えたシロイヌナズナをベルトコンベアーでたくさん流して、ひたすら画像を撮り続けるといったものです。それがこの5年くらいは野外フィールドを対象とするようになっています。そういう経緯があるので、私たちが7、8年前にフェノミクスに取り掛かったときは、最初から舞台を野外フィールドにしました。露地栽培なら世界に追い付けるかなと」

フィールドのフェノミクスでは日本は世界に並んでいると考えていいのだろうか。

「まあまあですね。ただ、私たちは人間が目で見えない範疇《はんちゅう》の研究はしていません。たとえば紫外線や近赤外線、中赤外線などの広範な波長領域です。それからもう一つは熱画像。サーマルカメラがありますよね。あれと同じものを畑で使いたいのですが、少し風が吹くと温度が瞬時に変わるので、なかなかデータとして使うのが難しい。ただ、これは世界的にもまだこれからの状態なので、チャレンジする余地はあります」

問題なのは予算が足りないことである。今は人件費を出すので精一杯で、ハードに使える余地はほとんどない。では、日本にもフェノミクスの拠点となる組織が必要なのだろうか。

「理想としては。とはいえ箱を作るだけでは仕方なくて、人を育てるのが大事。データサイエンティストを育成しないといけません。できれば植物科学と情報科学の両方を理解してもらいたい。それが無理でも、双方の架け橋になるような人材ですね。その人材にはデータの処理と分析だけではなく、その先の価値を創造できるようになってもらいたい」

そうした人材はまさに第1章に登場した静岡大学の峰野博史教授であり、本章の農研機構農業情報研究センターの杉浦綾上級研究員や名古屋大学生物機能開発利用研究センターの野田口理孝准教授である。彼らのような人材が活躍する場は国内のみならず海外にも多分にある。二宮はその一つとして食糧問題が懸念されるアフリカやアジア諸国への支援があるという。

「フェノミクスの発展は食糧問題を解決する一つのキーワードといっていい。欧米諸国はまだ途上国との共同研究はそれほどしていないので、リーダーシップを取り、共同研究を進めたらいいと考えています」

カロリーベースで必要な栄養をとれていない人口を指す数値を、国連の食糧農業機関（FAO）が公表している。その数値を追うと、2014年から2016年の世界の栄養不足人口は年単位でざっと7億9500万人。2016年の世界人口は74億6400万人と推計されているので、ざっと11パーセントが栄養不足に悩んでいる計算になる。

しかも今後のさらなる人口増加で食料不足は一層深刻になるといわれている。発展途上国の経済成長に伴い中間層が増大し、動物性食品の需要が急激に伸びることが要因だ。いずれの国でも所得が向上するにつれて、主食である穀物への依存度は減り、家畜由来の肉や乳製品、油脂類などの消費量が増える傾向にある。残念ながら動物性食品は生産の効率が非常に低い。牛肉1キログラムを作るのに穀物11キログラムが必要になる。

20世紀を振り返った場合、人口増加を支えてきたのはまさしく食料の増産だった。大きく寄与したのは化学肥料だ。それを工業的に製造する技術が誕生したのは20世紀初頭。大気中に無尽蔵にある窒素分子をアンモニアに変換する方法で、ハーバー・ボッシュ法と呼ばれている。この方法により食料生産は飛躍的に増大した。もしこの技術がなければ、現在の地球の人口は半分に満たなかったとされる。

ただ、問題なのは工業的窒素固定には年間で原発150基分に相当するエネルギーが消費されていることだ。国連の「持続可能な開発目標（ＳＤＧｓ）」の一つに「再生可能なクリーンエネルギー」が掲げられるなか、それが妥当なのか。おまけに化学肥料や化学農薬、灌漑への依存度が高くなるほどに環境負荷は大きくなっていき、それこそ持続性に乏しいといわざるをえない。もはや熱帯雨林を伐採して耕地を拡大することは困難で、作物生産に必要な水資源にも限界がある。

さらに懸念されるのは、新型コロナウイルスのさらなる感染拡大だ。そこに居住する先住民は感染症への免疫力が弱いうえ、地域の医療体制や経済力も脆弱《ぜいじゃく》。感染者を一度でも出せば、一気に蔓延《まんえん》することが危惧されている。

食糧問題に対応するには環境により適応した栽培技術の開発や新しい品種の開発が欠かせない。そこにデータが活用できる余地は大いにある。日本がこの分野で活躍できる人材をどれだけ育てられるか。大事な視点である。

第3章　農業から食産業へ

流通をめぐる新たな動き

農業は大きくみれば食産業（農林水産物の生産から製造、加工、流通、消費にかかわる幅広い産業を指す）の中の一つの分野である。膨大なデータの利用、加工、分析は農業の現場ばかりか、それを取り巻く流通や加工、販売にまで大きな変化を迫っている。

そのことは、第1章に登場した静岡県のサンファーム中山とハッピークオリティーの共同事業を今一度思い返すと理解できる。両社は数あるトマトの品種の中でも糖度とリコピンを多く含む中玉トマト「フルティカ」を選択した。一般的な品種を大量生産する舞台で競争すれば、大手に負けてしまうのは目にみえているからだ。代わって糖度と、さらに血糖値を下げたり動脈硬化の予防に効果のあるリコピンの機能性という価値に着目し、独自に開発した選果機でその含有量を全量検査することで、差別化を図ってきた。

加えてその価値を一層高めようと、まずは安定的な生産に向けてＡＩで葉のしおれ具合を把握して、より適切な水やりを実現。さらに国立研究開発法人・産業技術総合研究所と連携して、味の決め手となる糖と酸を個別に、かつ非破壊で計測する赤外線（ＩＲ）センサーを開発し、糖と酸の新たな基準を作ろうとしている。生産はサンファーム中山が、流通と販売はハッピークオリティーが請け負っている。

この取り組みのように、食を基軸として農林水産物の生産から製造と加工、流通、販売まで付加価値の連鎖を構築したビジネスシステムを「フード・バリュー・チェーン」と呼ぶ。このフード・バリュー・チェーンの構築こそ、今もって日本の農業に欠けている視点であり、それがこの産業が衰退してきた一つの要因である。

現状を数字でみてみよう。食品産業の国内生産額は99・9兆円（2018年）であり、このうち農業はどれだけ占めているかといえば9・1兆円に過ぎない。食品は川上から川下に流れるなか、つまり生産から製造と加工、流通、販売と進むなかで10倍以上にその儲けを増やしているのに、農業はその利益の1割しか手にできていないのだ（図3を参照）。

いずれの国においても商品の市場価値が下がって一般的な商品となると、つまりコモディティ化すると、利益の源泉は農業から離れていくのが常である。「ペティ・クラークの法則」の通り、経済の発展とともにその比重は第一次産業が低下して、第二次産業、さらに第三次産業が高まっていくからだ。それでも儲かる農業を形づくるのであれば、販売や加工などサプライチェーン全体の中で利益の源泉がどこにあるかを探しながら、ステークホルダー（利害関係者）との間で新たな関係を結び、ビジネスを創造していくことが欠かせない。フード・バリュー・チェーンの構築で先駆的なオランダに長年在住し、現地の農

図3　フード・バリュー・チェーン全体で考える農業

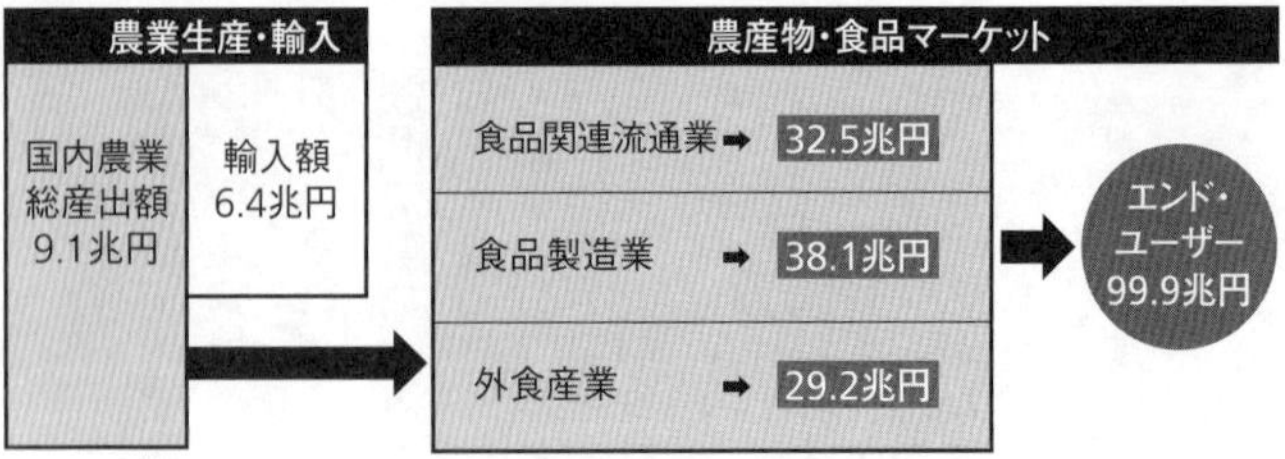

農産物がコモディティ化する（一般商品化する）と、利益の源泉は農業から離れる。販売や加工などフード・チェーン全体に視野を広げ、利益の源泉がどこにあるかを探しながら、ステークホルダー間の新たな関係を構築し、最適化することが大事。

参照：農林水産省国際部国際経済課農林水産物輸出入概況（2017年）
平成30年農業・食料関連産業の経済計算（概算）

フード・チェーンの最適化と第2ステージの農業のICT化

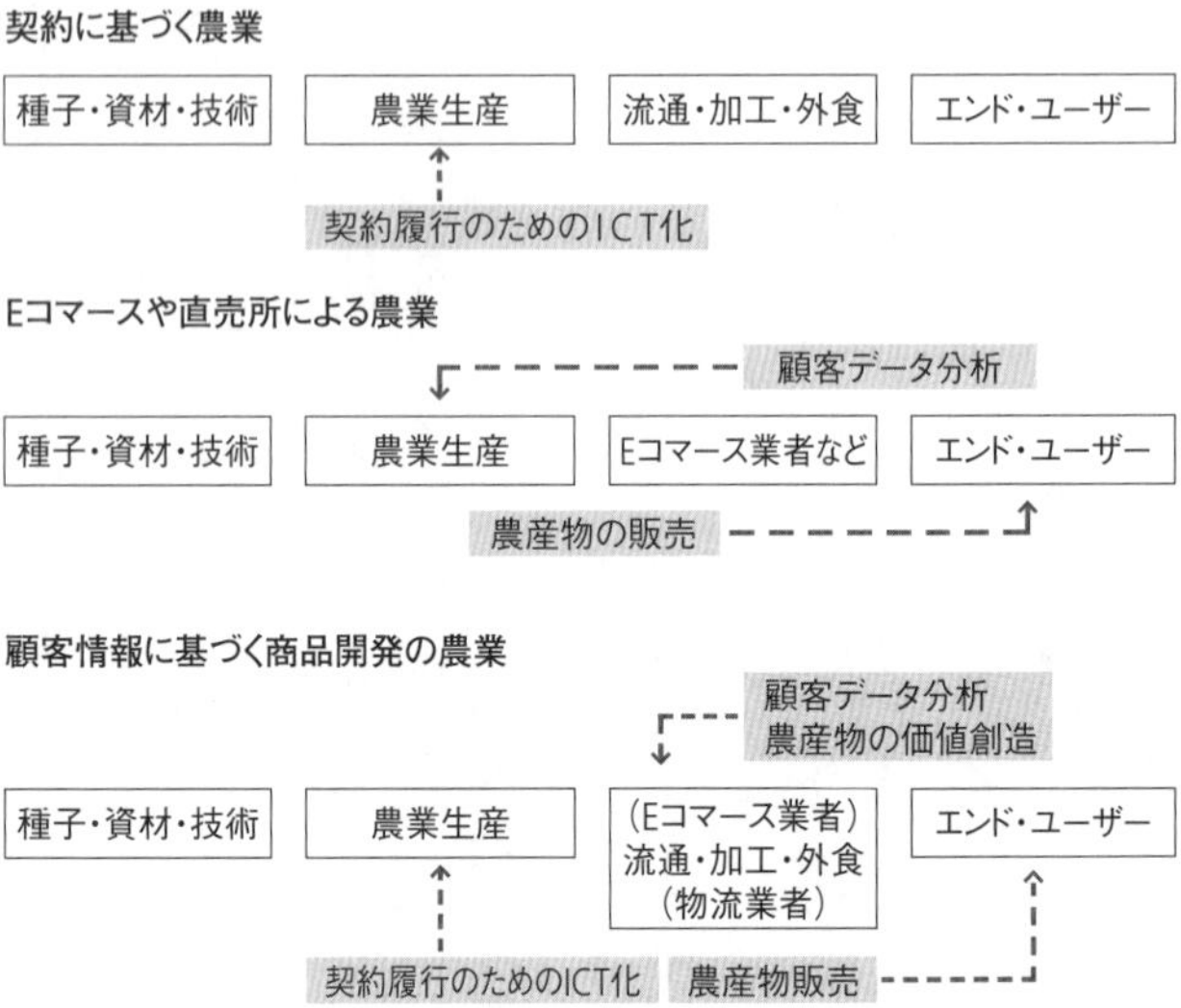

出典：『シンポジウム　情報化によるフードチェーン農業の構築』21世紀政策研究所編

業を見つめてきたある日本人と以前話した際、印象的だったのは「オランダには農業はなく食産業がある」と述べていたことだ。まさにオランダの農業が成長してきた過程と日本の取るべき方向を端的に示した言葉であると考える。世界の飲食料市場規模は2030年には1360兆円にまで成長する。これは2015年と比べて約1・5倍の規模だ。この巨大市場にどう参画できるかが日本の農業には問われている。

この章では作る側と食べる側との間にあってフード・バリュー・チェーンの要をなすといえる流通の新たな動きを伝えたい。後ほど解説するように青果物の流通の大動脈を担ってきた卸売市場はその開設や運営を認可する改正卸売市場法が2020年6月に施行され、業界再編が始まっている。同時に農業就業者の平均年齢が70歳に迫り、高齢を理由に大勢が一斉に辞めていく「大量離農時代」を迎えている。多くの農家は後継者がなく、経営体力がある農家のところに農地が急激に集まってきている。そういった流れのなかで、流通業界から巻き起こってきた新たな動きは、大規模経営体や産地を巻き込みながら、食という産業の業界地図を塗り替えていく勢いや可能性を見せ始めている。

流通日数3〜4日を1日に短縮した「農家の直売所」とは

野菜の美味しさを大きく左右するのは鮮度だ。農村であれば親戚や知人、あるいは近くの直売所で新鮮な野菜は手に入りやすい。ただ、都市部だとなかなかそうはいかない。産地で畑の近くの集荷場に届いてから都市部にあるスーパーの店頭に並ぶまでJAから卸、仲卸を経由するという一般的な方法だと3〜4日かかる。

もっと短縮できないか——。消費者だけではなくスーパーも農家もそろって願うことをかなえたのは、及川智正が2007年に「ITを活用して農産物の流通に変革を起こす」ために設立した株式会社農業総合研究所（和歌山市）だ。従来の流通ルートを省くことで流通日数を1日にまで縮めたというから画期的だ。

2016年に農業ベンチャーとして東証マザーズに初の上場を果たした農業総合研究所。その主要事業が、スーパー内にインショップを置き、農家から集荷した農産物を委託販売する「農家の直売所」である。集荷場や流通網は自社で構築し、前日あるいは当日の朝に収穫した野菜を翌日の開店時には各店舗に並べる。都市部で農産物を売るのに八百屋を開かずスーパーのインショップにした大きな理由は集客力。スーパーなら肉や魚など食材が豊富にそろっているので、直売所を開くにはうってつけだと判断した。

農業総合研究所が運営するスーパーのインショップ「農家の直売所」。会員の農家から集荷した青果物を委託販売する

自社の集荷場を北は北海道から南は沖縄まで全国33都道府県に94箇所備える。主要な取引先はイオンリテールやサミット、阪急オアシス、いなげや、コーナン商事、ダイエー、ヤオコー、ヨークベニマル、イズミヤ、小田急商事、西友、平和堂、東急ストアなど数えれば切りがない。

利害関係者のメリットを整理しておこう。農家は自分の判断で規格や価格などを決めることができ、販路の拡大も含めて所得の向上が図れる。では、実際に農家はどの程度儲かるのか。農業総合研究所の試算によれば、一般的な市場流通の場合、たとえば末端価格が100円であれば農家の手取りは30円。対して「農家の直売所」であれば末端価格は95円で農家の手取りは60円になる。この説明に関しては2点留意してもらいたい。まず末端価格が「農家の直売所」の場合に100円ではなく95円に設定しているのは、「会員の農家はスーパーの通常の棚に置いてある同じ品目の野菜よりも少し安く価格を設定する傾向にあるから」とのこと。要は自分の商品を買ってもらうように価格で差をつけるようにするからだ。もう一つ留意してもらいたいのはJAではなく「農家の直売所」に出荷する場合、選別や包装、箱詰めなどは農家が自らしなければならない。この手間を経費として差し引けば、「農家の直売所」の農家の手取りと市場流通の手取りとの差は多少縮まる。

メリットとしてもう一つ強調したいのは、流通にかかる日数が1日ですむことが農家のやる気につながるということだ。市場に出荷する場合、そもそも流通が多段階にわたり日数がかかるほか、途中段階で留め置かれることもよくある。農家はそれを見込んで完熟の状態ではなく、少し早い時期に収穫する。結果、美味しさは損なわれてしまう。それが農業総合研究所だと集荷場から店舗までの流通にかかる日数が1日と決まっている。これについて坂本大輔取締役は次のように強調する。「農家にとっては店頭に並ぶまでの時間を逆算できるので、鮮度、熟度ともに一番美味しい状態の青果物を消費者にお届けできます。それは農家のやりがいにもつながるわけです」。スーパーにとっても鮮度の良い青果物を扱うインショップがあることで集客力を強化することができる。

2020年2月末現在、会員の登録生産者は8850名、取引先の店舗数は1536店舗。2019年8月通期の流通総額は96億円、売り上げ高は31億円になる。いずれの数字も右肩上がりで増えてきていることから農家にもスーパーにも消費者にも支持されていることが分かる（図4を参照）。

それにしても市場を経由せずにこれだけの規模の流通をどうやって実現させているのか。さらに青果物の管理や安全の確保はどうしているのか。その仕組みが知りたくて農業総合研究所の本社がある和歌山県和歌山市の集荷場を訪ねた。

店舗の売れ行きデータを基に農家が出荷先を決める

午前10時過ぎ。到着してみると、集荷場にはすでに多くの農産物が並んでいた。集荷場は細かく区切られ、それぞれのエリアにはスーパーとその店舗名が書かれた札が掲げられている。ちょうど軽トラックに乗った農家の男性がやってきた。聞けば、荷台にあるのは早朝収穫したばかりの野菜を入れたコンテナ。男性はまず、集荷場の入り口にある事務所に入っていく。そこにある発券機で販売価格などのデータを入力した後にバーコードのシ

図4 「農家の直売所」に関するデータ

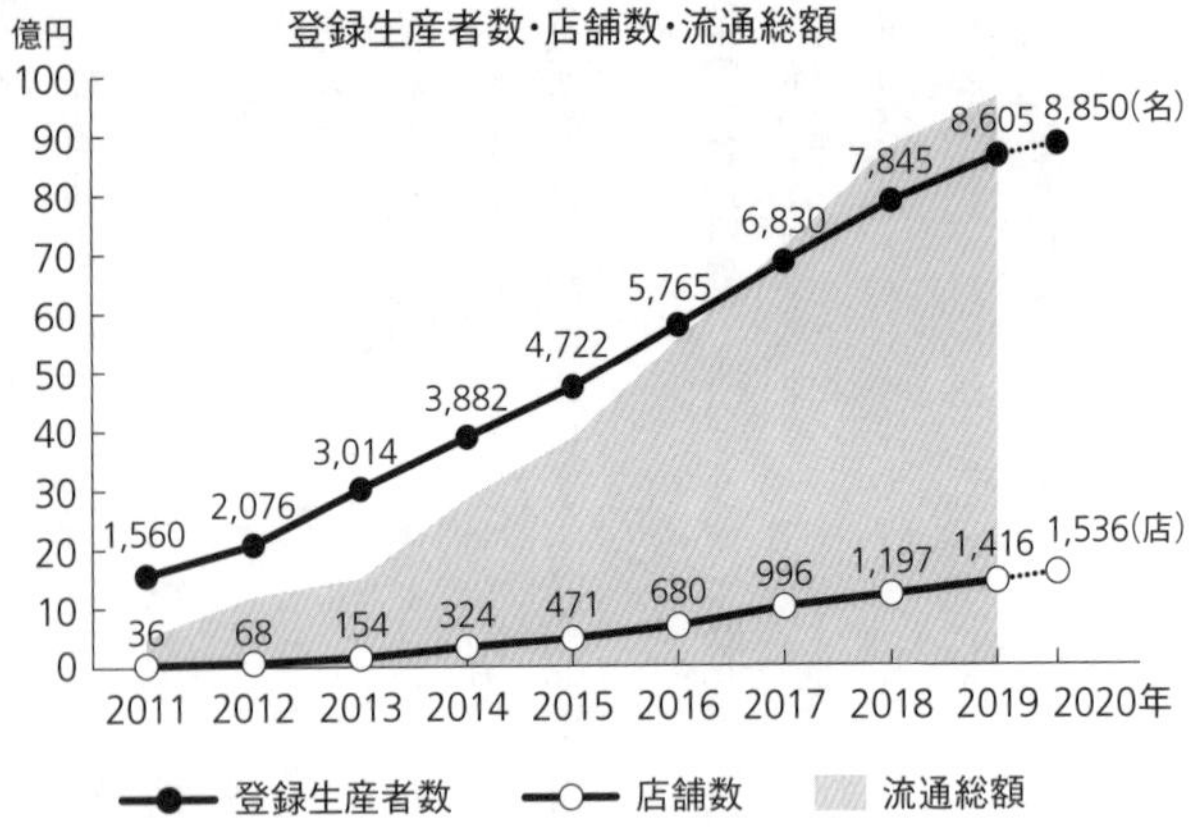

農業総合研究所が事業目標のうち最も重視する流通総額で掲げるのは1000億円。そこを足がかりに2000億円を一気に目指し、小売店での青果類相場に一定の影響力をもつことを目指す。

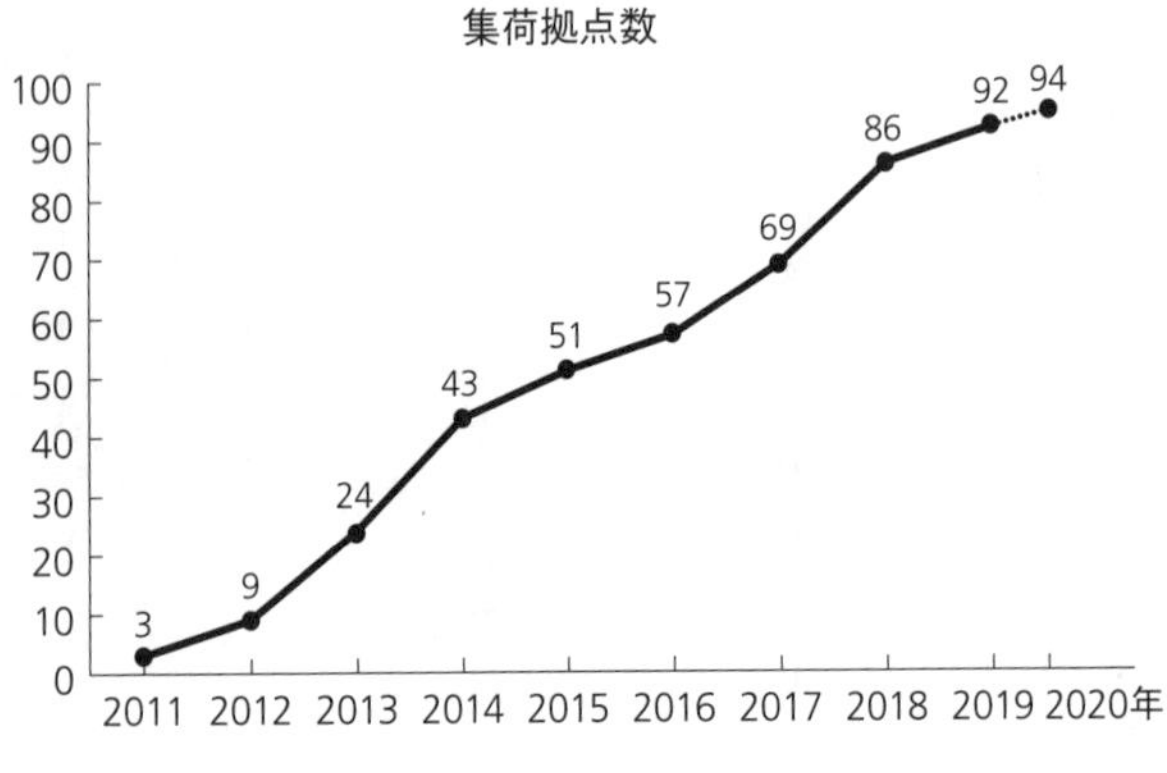

(※)2020年の数字は2月時点のもの(他は8月通期)

出典:農業総合研究所

「農家の直売所」会員の農家はタブレットなどで農薬の使用情報を入力。商品には発券機で出したバーコードとQRコードが印刷されたシールを貼り、消費者が生産履歴をたどれるようにする

ールを発券し、小分けした野菜に貼っていく。最後に自分が出荷したいスーパーの店舗名の札が掲げてあるエリアにコンテナを置く。案内してくれた農業総合研究所のスタッフによると、農家は毎日、自分が出荷したい店舗を決めることができるという。そうして積まれた農産物を一斉に各店舗へと配送する仕組みになっている。

バーコードのシールとPOSレジで会員農家ごとに売り上げが分かるようになっている。POSとは「Point of Sales」の略で、販売時点情報管理といった意味。つまりPOSレジとは商品を販売した時点で売り上げのデータが管理され、いつ、どの商品がどれだけ売れたかが簡単に把握できるシステムである。バーコードのシールにはQRコードが付いていて、買い手はそのコードを読み込むことで、生産した農家の情報や履歴をたどれるようにもなっている。

気になるのは、農家がその日出荷する店舗を何を頼りに決めるのか、ということだ。彼らは会員の農家向けに開発された「農直―のうちょく」という独自のアプリケーションで公開されている店舗ごとのデータを見て判断するのだ。そのデータとは店舗の外観や内観、ロードサイドや駅前といった立地条件に加えて、前日の売れ行きの動向なども入っている。データの精度は店舗が備えるPOSレジの性能に応じて違ってくる。トマトやキュウリなど野菜や果物の品目や種類ごとに売り上げ全体に占める割合を出せる店舗もあれば、野菜と果物という大枠だけの割合しか出せない店舗もある。

ただし、農家が出荷先を好きに決めてしまえば、店舗によって品目や量に偏りが生じることが避けられない。そこでPOSデータから店舗ごとに販売が見込める品目ごとの総量を算出し、そこから逆算して全国にある集荷場ごとに個々の店舗に出荷できる量の上限を割り振っている。毎日、上限に達した段階で、その店舗向けの集荷は打ち止めにする。といっても集荷場では一日当たり100～150店舗へ農産物を供給するので、農家にとって売り先がなくなるという事態は起こりえない。

会員になるには管理データの入力が義務

毎日出荷される農産物の安全を担保する手段として、「畑メモ」の活用がある。農家が「農家の直売所」の会員になる条件としている、生産に関するデータを管理するシステムのことである。これはウォーターセル株式会社（新潟市）がサービスを提供するＩＣＴによる農業生産の管理システム「アグリノート」の機能のうち、農薬の使用履歴を記録する点だけにほぼ絞ってカスタマイズしたもの。農家は自分のスマートフォンやタブレット、パソコンで「畑メモ」にアクセスし、畑ごとに使用した農薬の種類と対象の作物を入力する。「畑メモ」には農薬取締法に基づく農薬の使用基準に関するデータが網羅されている。農薬の使用量が過剰だったり、その農薬が対象とする作物に対して適切でなかったりすれば、データを入力した時点で警告が出るようになっている。

本章のテーマであるフード・バリュー・チェーンという観点からもう一つ注目したいのは、２０１７年から運用を開始した生産と出荷、販売の一元管理システム「農直」だ。まずはざっとこのシステムの概容を説明しよう。利用する農家にはそれぞれに会員番号が割り振られる。「農直」のアプリがインストールされたタブレットに加え、希望者にはバーコードシールの発券機も貸し出す。いずれも有料。将来的には個々が所有するスマートフォンなどでもダウンロードできるようにする。

ほかに特徴的なのはスーパーのバイヤーと消費者も参加できるプラットフォームにしていること。「農直」では、農家とバイヤーや消費者が直接・間接的にデータを交換し、出荷する日にちや品目、食べてみての感想を伝え合える。機能は以下の通り８つある。

①畑メモの入力や閲覧
②バーコードシールの発券
バーコードシールを発券するには集荷場に常備してある発券機を使う。ただし、なかには数百の商品を毎日のように出荷する農家もいることから、自分の作業場で発券して商品に貼りたいという要望があった。それに応えるため、バーコードシールの発券機を貸し出している。インターネットが使える環境にあれば、「農直」を操作して発券できるようにしている。
③コンテナの貸し出し
主に経営が大規模な農家を対象にコンテナを貸し出す。「農直」では会員農家にコンテナを借りた数と返した数をそのつど入力してもらい管理する。

④店舗ごとのデータ入力
店舗ごとに出荷した品目や量を入力してもらう。売り上げのデータはスーパーのPOSレジのデータから分かる。
⑤売り上げ情報
自分の販売金額と販売点数、出荷金額と出荷点数などを月別、年別に閲覧できるようにしている。売り上げや支払いの明細書もダウンロードできる。加えて売り上げについては全国と集荷場別に自分の分だけランクを把握できる。自分がどの位置にいるかを把握することで、競争意識をもってもらう。
⑥店舗情報
店舗の外観や内観のほか、ロードサイドや駅前といった立地条件などの情報を提供している。
⑦相場情報
店舗で「農家の直売所」とは別に通常の棚に並ぶ商品の価格に加え、集荷場でほかの農家が値付けしている品目ごとの価格といったデータを紹介している。
⑧イベントカレンダー

店舗ごとのイベントに関する情報が一覧できるようにしている。「お客様感謝デー」などの特売日はよく売れるので、会員の農家にとって出荷先や出荷量を決める判断材料になる。このほか品目ごとに在庫の多寡を示し、農家が翌日にその品目を出荷するかどうかの判断の材料にしている。

「農直」では以上のサービスに加えて、資材メーカーと連携して、農薬や肥料などの農業資材が購入できるようになっている。発注した商品を集荷場で受け取る仕組みだ。

消費者には、一度購入してみて気に入った農家のその商品について、次回届く日を知ることのできるアプリケーションも提供している。商品に貼られたバーコードのシールのQRコードをスマートフォンで読み取ればいい。

店舗ごとの売り上げ増へ卸売にも着手

農業総合研究所が調べたところ、全国のインショップでの売り上げはその店舗の青果物全体の1割ほどだという。そこで青果物の流通での存在感を一層強めるために次なる手に打って出た。「新たな農産物の流通の形をつくるという理念を掲げているなかで、まずは直売所コーナーでの販売で産地と小売をつなぐ物流とシステムを構築してきた。これを活用する形で今度は卸売事業を展開することにした」

坂本のこの発言には驚いた。これはまさに流通の大動脈である市場が担ってきた分野だからだ。「農業の流通革命」を理念に掲げる同社はいよいよ本丸に攻め込もうというわけである。つまりインショップだけではなく、スーパーなどの青果物の棚をコントロールしようというのである。

その覚悟ができたのは経営の規模が広がってきたからだ。まず「農家の直売所」の会員に大規模な経営体が増えてきた。そこから一定量の青果物を長期にわたって出荷してもらうことで、品切れをなくして棚を確保することを目指す。もちろん一戸の経営体だけでは出荷できる量も時期も限られるので、集荷場や地域を超えた周年出荷の仕組みを構築していく。それができるのは全国に集荷場を設け、市場流通よりも儲けられることを示したことで大勢の農家が会員となったという背景がある。ある程度の生産規模と物流網があるからこそできる試みである。２０１９年度から一部店舗で試験運用を始め、２０２０年から全国に広げている。

ただし、スーパーにとっては新たな試みだけに不安やリスクが伴う。商品を切らさないのは大前提として、既存の仕入先である卸売業者や仲卸業者と取引する以上のメリットが欲しい。そこで農業総合研究所が試すのが過去の出荷量とPOSデータから各店舗の在庫と売り上げを把握し、販売率を日ごとに確認することで、適正な出荷量や品目の構成を自動的に算出するシステムを構築することだ。坂本は「スーパーの担当者は割と経験と勘で仲卸に発注しているところがまだまだ残っていると思います。結果、欲しい品目が足りなかったり、逆に多すぎて廃棄したりすることになる。弊社で開発中のシステムで需要と供給をマッチングさせれば、それがかなり解消できるのではないかと考えています」と話している。農業総合研究所は2020年度内の実用化を目指しているという。

暗雲垂れ込めるオンライン取引サービス

ここ数年、「農家の直売所」と同じように農家の売り先と消費者の買い先の選択肢を増やす事業を手掛けるベンチャーが相次いで誕生し、オンライン上で双方を結び付けるプラットフォームを展開している。政府が農家の所得向上や流通の合理化を掲げているほか、先端的なテクノロジーが入り込んできたこともあり、こうした動きは相変わらず注目されている。凝り固まった青果流通の業界を変革しようという心意気は評価したい。ただ、将来は明るいのかといえば、決してそんなことはないと筆者は考えている。

事実、この1、2年の間に一部は撤退や事業の縮小をした。この傾向はこれからも続くだろう。というのも、ほとんどのサービスが対象としているのは市場では評価されない有機や無農薬、珍しい品種などいわゆる「こだわりの農産物」であり、そもそも市場規模としては小さいのだ。たとえば500戸の会員を集めて、一戸当たり平均して年間50万円分を出荷してくれたとしても、流通取引総額は2億5000万円。各社の利用料を見るとざっと15~20パーセント。となると運営会社の取り分は3750万~5000万円。そこから広告宣伝費や人件費、移動交通費、物流費、システムの開発費や運営費などを差し引けば手元に残るのはたかが知れているのではないだろうか。

しかも中には農家からの集荷と消費者への配送を自社で請け負っているところがある。微細で小ロットの物流は非常に効率が悪くてコストが多大にかかる。ドライバー不足の中で状況が好転することはまずもって考えられない。さらに扱っている商品は「こだわりの農産物」といいながら、その根拠は希薄だ。たとえばあるプラットフォームでは出品する農家が農薬や化学肥料を一切使っていないことや減らしていることをうたっている。ただ、その証拠となるデータがない。サービスの運営者が商品の価値を担保する規格を設けていない。農業総合研究所が物流に関して農家からの集荷や宅配をせず集荷場と店舗との間だけの大量輸送に特化したり、「農直」で農薬の使用履歴の記帳を義務付けたりしていることを振り返れば、以上で触れた点の重要性が分かってもらえるだろう。

JAとの取引を促進する「ツナグ」

そうした点を押さえているように見受けられたサービスとして、次に取り上げたいのは2003年創業の株式会社ツナグ「Tsunagu（鈴木輝社長）である。同社が作り上げた、農産物の買い手と売り手がオンライン上で直接取引を確定させるその名も「ツナグ」だ。取材した2020年2月末時点ではあくまでも実証段階にあり、2020年度中の実用化を目指している。ただ、業界問わず国内で最大級といえる組織であり、青果物の生産から流通、販売に至るまで多大な影響力をもつJAを巻き込んでいく志をもっていることから、データを活用したフード・バリュー・チェーンの構築を考察するうえで参考になるところが多い。これからの期待も込めてその事業を紹介しておきたい。

サービスの特徴の一つは主な売り手としてJAを想定していることだ。JAにはトマトやキュウリなど品目ごとに農家の集まりである部会があり、それだけ多品目かつ大量の野菜や果物をそろえられる。ただし、ツナグで重視しているのは量よりも質。理由は市場での取引と差別化を図るため。かつて市場での取引は1社の卸売業者に対して2社以上の仲卸業者や買参人《ばいさんにん》（スーパーや八百屋など）が買い入れ価格を競い合う競《せ》りが主流だった。そして今、競りに代わって主役となったのは、卸売業者と仲卸業者や買参人が一対一で価格を決める相対取引。国内の市場全体での取引額の内訳は競りが1割、相対取引が9割となっている。基本的に相対取引では現物を見ることなく、品種や価格、数量、規格について契約をすませてしまう。出荷物は規格に沿って産地で選別してあり、均一化されている。

ただし、均一化されているといっても、細かくみていけば作り手ごとに質の優劣がある。質とはたとえば日持ちの良さである。ただ、市場流通の規格ではそこを考慮しない。あるいはリコピンやポリフェノールなどの機能性成分についても同じである。しかしながら現状の規格にはない農産物の質に価値を感じている買い手がいるのは事実である。そこでツナグはＪＡと連携して、まずは需要が高い「質」とは何かを特定。そのうえで質を数値化して、評価する仕組みを構築するつもりだ。数値化する手段としては、たとえばスマートフォンで野菜や果物を撮影するだけで、あとはその画像をＡＩが解析して甘味や塩味、酸味、旨味、苦味を瞬時に数値化するアプリケーションがある。

ツナグでの契約の流れは2通りある。一つは買い手からＪＡに注文をする流れ。買い手は作付が始まる前か栽培期間中にツナグで発注する。売り手は受注に応えるかどうかを協議し、その可否を決める。ただし、契約が成立するのは実際に作り始めた後、収穫する約2週間前。この時期まで来ると、受注した野菜や果物が予定していた時期や品質、量の通りに収穫して出荷できるかどうかの見通しが立つからだ。

もう一つは、ＪＡが特定の期間中に売りたい農産物の品目や品種、数量、等級や規格のデータを載せ、買い手からの注文を受ける流れ。こちらはあっさり書いているが、大半のＪＡはこんな対応はできない。なぜなら生産に関するデータがなくて収穫の予定を把握できないからである。実際、ＪＡは個々の農家の作付計画や栽培期間中の生育に関するデータを取っていない。出荷されてきた農産物を受け入れ、市場や直売所などに振り分けていくだけである。

一方、ツナグはこのサービスの実証試験をする神奈川県のＪＡ横浜と品目ごとに農家の生産に関するデータを集め、ツナグで一元的に管理する仕組みも構築しようとしている。作付を始めてからの生育の過程や収穫の時期や量に関する見込みのデータは毎週更新し、売り手も買い手も閲覧できるようにするのだ。これにより買い手は中長期的にどこのＪＡから、いつ、どのくらいの量や品目の野菜や果物が手に入るかの見通しを立てられる。

鮮度のいい農産物を安く提供

ツナグの事業でもう一つ注目したいのは物流を短縮化する仕組みを目指していることだ。農産物はJAの集荷場や直売所など冷蔵施設を備えた場所で買い手に直接渡す計画である。市場を経由しないことで鮮度の良さを保てる。しかも流通の経費を省くことで「市場を経由するより買い手が安く購入できると見込んでいる」と鈴木は言う。

決済については第三者機関による与信審査を導入する。初めての取引先でも安心できる。取引の段階で品目や量、金額などを決めてもらう。すると取引成立という情報がツナグに届く。この時点で農家が出荷。その確認が取れると、買い手企業に請求書を送る。決済は月末一括締め。

与信審査を採用したのは不正取引を撲滅するため。ツナグのプロトタイプを試験的に運用した際、たとえば買い手がツナグなどのサービスを利用して農家の情報を仕入れ、その農家に裏ルートで直接商談を持ち掛けることが横行したことがある。その末に未払い問題も発生していた。一方で農家も出荷したと言いながら、それが嘘であったり、半ば腐った野菜を送ったりしていることもあった。

ところでツナグが量より質を重視するのは市場流通との競合を避けるためだけでなく、

ＪＡとともに農家の経営や技能のレベルを向上させるためでもある。付加価値の高い農産物を生み出せる農家は意欲も栽培の技術も高い。そうした農家の農産物が高値で売れることを示せれば、ほかの農家も追随しようという気持ちになるはず。そのときはＪＡの営農指導員の出番だ。といいたいところだが、現状において営農指導員のレベルは総じて高いとはいえない。むしろレベルの高い農家と付き合ったり、農家と質を上げる努力を重ねたりすることで、営農指導員の技能も高まっていくだろう。

鈴木は「ＪＡから離れた農家をもう一度ＪＡに引き戻すことにもつながる」とみている。ほかの農家と同じ扱いを受けたくないと、ＪＡを経由せずにスーパーや消費者などに直接販売している農家は少なくない。

ＪＡは全国にくまなく存在し、その数は６００（２０１９年度）を超える。その多くでツナグが導入されれば、農産物が品目や質ごとにいつ、どこで、どの程度が収穫される予定なのかといったデータが「まるで天気予報」（鈴木）のように把握できるようになるかもしれない。そうなれば需給のミスマッチも生じにくくなっていく。

問われる卸売市場の役割

こうした中間流通を省く新たなビジネスの動向を卸売市場の関係者は苦々しく思っているに違いない。事実、そういう声があるということも聞く。ただ、サプライチェーン全体を巻き込んだ止めようのない業界再編の動きに、いつまでも外野にいるような気分でいていいのだろうか。

「市場こそ変わらなければいけない」。こう主張するのはグループ全体の年商が1400億円と、青果卸として国内第2位の規模を誇るR&Cホールディングス（長野市）傘下の長野県連合青果株式会社（上田市）の堀陽介社長。2018年に35歳の若さで就任した社長の言葉には業界を代表しての反省と差し迫った危機感がある。

「青果流通業界は大きな転換点を迎えています。その発端となるのは2018年の卸売市場法の改正です。前身となる中央卸売市場法は1918年の米騒動を背景に、食料を公平に分配していくことを目的に制定されたといわれています。過去には、相対取引の導入や買付集荷の全面自由化などの改正はあったものの、今回は自由競争の流れが加速する方向へ大幅に改正されます。流通業者は食料分配機能の役目が低下してきており、飽食の時代にあって需要をどうつくり出すかが求められていると思います」

堀がいう改正卸売市場法は2020年6月に施行された。改正点のポイントは第三者販売が解禁されることだ。旧法で卸売業者は仲卸業者や買参権をもつ業者以外への販売を原則的に禁止されていた。それが流通インフラが整備されたり鮮度の高い商品を求める声が高まったりしたことを背景に、卸売業者は小売業者や消費者に直接販売できるようになった。

商品をめぐる各プレイヤーの現在の役割についてあらためて確認しておくと、市場には大卸の卸売と、そこから競りで買って小売業者などに販売する仲卸がある。卸売業者が農家や産地などの川上から集荷し、仲卸業者が小売業者や外食・中食業者などの川下に配分するという仕組みである。

改正法では仲卸業者が農家や産地から直接仕入れることも可能になる。つまり卸売業者にとっては今後、仲卸業者が競合相手として入ってくる。卸売業者は従来以上に川上側と川下側の双方との結びつきを強めなければならなくなる。流通戦国時代に生き残るために、堀社長はどうすればいいと考えているのか。

「これから大事だと考えているのは、適正な需要に適正な生産をすれば、それが儲けの源泉になるということ。今のサプライチェーンの仕組みだと、どうしても量や質といった面で需要に応えられないことがあります。以前は集荷機能を競合他社と競争してきましたが、今は、いかに世の中に需要をつくっていくかが求められています。その流れのなか、社会課題を解決するために農家や産地と連携していかないと、我々の存在価値はなくなってしまうのではないか。現に国産青果物の卸売市場の経由率をみると、10年前までは約9割だったのが、今では8割程度にまで下がっています。これまでゆるやかに落ちてきたのが、今度の法改正により今後は一気に加速するかもしれません」

各方面に取材する限り、どれだけの市場関係者が堀と同じ危機感をもっているかといえば、あまりに少なくさみしい限りだ。理由は、経営者が高齢化していて、旧態依然のビジネスモデルに安住しているからだ。そういう意味では農業界と変わりないかもしれない。

一方、長野県連合青果はフード・バリュー・チェーンの構築という点でデータの活用を進めていくという。

「生産に関するデータの収集に必要な投資は我々が行っていくつもりです」

というのもセンサーデバイスを購入するには金がかかる。農家にとってみれば、金をかけて生体や管理に関するデータを集めても、データを活用して栽培した農産物に付加価値を付けて個々に販売していくのは難しい。一方、流通業者はそうしたデータをリアルタイムで欲しがっている。データから出荷されてくる時期や量、品質などがみえてくるからだ。

そうであれば流通業者がセンサーなどにかかる費用を負担すべきなのではないかと考えているというわけだ。堀はさらにこう続ける。

「すでにデータが価値をもつ社会になっていると思っています。農業生産のＩＣＴが進み、生産側に大量の価値あるデータが集められつつあります。現状はそれを次の生産へ活用しているわけですが、その投資が行えるのは一部の大規模な農業経営体に留《とど》まっているのではないでしょうか。加えて、データの活用は生産現場に限らず、農業経営の中核を担っている流通にこそ大きく活かせるはずです。そのマーケティングをしたいのは誰かといえば流通側。そうであれば、流通業者がデータを集めるのに必要なお金を負担してもよいのではないでしょうか。流通業界にも情報格差があるんですね。複雑な流通の中で生産に関する情報が我々に入りやすいときと入りにくいときがあります。もし常時正確な情報を手にできるのであれば、流通側がセンサーに金を出す価値が十分にあるのかもしれません」

サプライチェーンの要をなす卸売業者からのこうした動きが活発になれば、日本の農業はもっと面白くなるのではないだろうか。

第4章　下町ロケットは現実になるのか

12年で50倍以上になるロボット農機市場

２０１８年のＴＢＳドラマ「下町ロケット」の後押しもあって、今や農業界はロボットブームだ。農業用ロボットは人に代わって農作業をこなすだけではない。データを取るとともに、そのデータをほかのロボットや機械とやり取りする。そこで本章では農業用ロボットの現状と行方、可能性と課題を取り上げていきたい。

その前に確認しておきたいことがある。混同されることがあるロボットと人工知能（ＡＩ）の違いだ。その違いを人間にたとえて説明すると、ロボットは身体（ハードウェア）であり、ＡＩは脳（ソフトウェア）といえる。最近になって農業でロボットが注目されているのはまさに身体、つまり労働力が足りなくなってきたからである。

国内の規模の小さい自給的な農家を除いた農業経営体は２０１０年に１６８万だったが、２０１９年には１１９万となった。農地の集約化が進み、残る農業経営体の経営耕地面積は拡大した。同時期の比較では北海道では23・５ヘクタールから28・５ヘクタールに、都府県では１・６ヘクタールから２・２ヘクタールに増えている。その増えた分をカバーする人手や機械が必要となる。つまり、それだけ多くの雇用が必要とされる。とはいえ農村ではもともと人口が少なかったり、企業参入が相次ぐ地域では人手を確保するのに競合が起きていたりして、農村の労働市場は雇用主にとってこれからますます厳しくなるのは間違いない。そこで期待されている、というより熱望されているのが、人手と機械の両方を担うロボットである。

調査会社の富士経済によれば、畜産を除くロボット農機の市場規模は２０１８年の１・３億円から２０３０年には67億円と50倍以上になる予想である。67億円という数字はさほど大きくはない。世界的な市場規模については米国ダラスに拠点を置く調査会社のマーケッツ&マーケッツが２０２０年の74億ドルから２０２５年には２０６億ドルになると予測している（P21の図1参照）。後ほど触れるように、日本で開発されている農業ロボットは世界各国からも注目されており、需要は海外にも十分ある。

本題に入る前に、夜明けを迎えつつある農業用ロボットの直面する課題と普及に向けた課題を概観しておきたい。最初に整理したいのはロボットの普及に向けた課題について。目立っているのは北海道の酪農における搾乳ロボットの導入だ。搾乳ロボットとは、乳牛が搾乳室に入室すると、センサーで乳頭の位置を確認してブラシで洗浄し、それを終えるとティートカップと呼ばれる機器を装着して搾乳を始めるロボットのこと。一連の作業が終わるとティートカップは外れ、牛は勝手に退室する。酪農家は家族総出で年間ほぼ休みなく搾乳に追われる。しかし、このロボットを導入したことで、私の知り合いの酪農家は家族4人でやっていた毎日の搾乳が1人ですむようになった。

さらに「空飛ぶロボット」と呼ばれるドローンが農業界でも利用されていることはすでに紹介した。私の知る限り、普及という言葉を使えるほど広がっているものは、この二つ以外にない。生産現場で活躍する農業用ロボットの登場は今まさに始まったばかりである。

農業用ロボットが普及するうえでの現在的課題は少なくない。そもそも日本の農地は一枚当たりの面積が小さいうえ、現行法では人が操縦することなしにロボットが公道を走行できないので、区切られた田畑を越えられず、効率がさほど上がらない。さらに農地があるエリアは通信インフラの整備が行き届いていないことが多く、その場合はデータの収集や活用ができないことがある。人身事故などを起こさないための安全性の確保もある。こうした課題を克服するために、どんな取り組みが行われているのかについて記していきたい。

トラクターと作業機でデータのやり取り

では、農業ではどんなロボットが登場しているのか、あるいは次の出番を待っているのか。野菜、果樹、花き、穀類という品目やロボットを働かせる場所の面積の大小にかかわらず、すべてにおいて何らかの開発は始まっている。たとえば野菜でいえばレタスやキャベツ、トマト、アスパラガス、キュウリなどの「収穫ロボット」の開発が進み、なかには普及が始まっているものもある。果樹では収穫ロボット、花きでは主力の菊の栽培で最も手間のかかる芽かき（不必要なわき芽を摘み取ること）をするロボットの開発も始まっている。もちろん個別の作物や作業では着手されていないものは多くあるものの、大手、ベンチャーを含めてロボット開発は多岐にわたり、ブームといっていい様相を呈している。このほか自動で往復する草刈りロボットのいわゆる「除草ルンバ」、人に追従して収穫物を載せて移動する「運搬ロボット」、人が装着することで荷物の上げ下ろしなどの動作にかかる負荷を減らす「パワードスーツ」などもあり、挙げていけばきりがない。

本章で主に考察したいのは、全国で多くの農家が多くの場面で使うことから、最も実用化が期待されているトラクターだ。トラクターとは、土を耕すロータリーハロー（ロータリーと略す。砕土機）やプラウ（鋤）といった各種の作業機を牽引する農機を指す。後ほど紹介するように、最近のトラクターと作業機はデータのやり取りをしながら、農作業を高度化させているため、本書のテーマとしても重要である。農林水産省はそのトラクターのロボット化について次の三つの段階を想定している。

レベル１では人が操縦席に乗りながら直進だけは自動化する。ただし、田畑の端まで到達したら、手動で旋回しなければいけない。この技術はすでに実用化され、とくにトラクターで普及している。というのも農家が今もっているトラクターに、ＧＰＳガイダンスシステムと自動操舵《そうだ》装置を取り付けるだけでいいからだ。ＧＰＳガイダンスとは一言でいえば「農業版カーナビ」。ＧＰＳ衛星が発信する信号を受信して、トラクターの現在地と適切な進行経路をモニター画面に示してくれる。

運転に気を遣わないですむので、使っている農家からは肉体的にも精神的にも楽になるという声をよく聞く。最も普及しているのが北海道である。ＧＰＳガイダンスシステムの累計出荷台数が２００８年度から２０１８年度までに累計で１万１５３０台、自動操舵装置が２００９年度から２０１８年度までに累計で６１２０台普及した。全国シェアでいうと、前者は79パーセント、後者は91パーセントと圧倒的である。北海道でいずれも急速に広がったのは２０１４年度以降。自治体やＪＡがＧＰＳの基地局を設置し始め、以前よりも高精度に作業ができるようになったからだ。ＧＰＳ基地局から補正情報をもらうことで、誤差は２～３センチメートルに収まるという。

ハンドルの右奥が農業版カーナビ。トラクターに搭載し、GPSで把握した農機のいる位置を即時にモニターに表示して、農作業をするうえでの経路を案内する

ロボット化のレベル2では人が乗車することなく農機が自動でハンドルを操作しながら発進や停車を行う。ただし、この場合は人が田畑でその動きを常に監視し、ロボットが誤作動を起こしたらリモコンで緊急停車させることが条件となる。こちらも2018年に実用化されている。

これがレベル3になると、人は事務所などの遠隔地からモニター画面で監視しながら制御するだけでいい。モニター画面では複数のロボットを同時に監視できるので、異なる田畑でロボットを同時に走らせることも可能になる。農林水産省は2020年までに技術を確立することを目指しているというが、実現は先になりそうである。北海道で先行している実証試験を他府県でも2020年から実施することを検討するというが、今のところ具体的な動きはない（2020年4月末時点）。

では、トラクターの自動化や無人化で何ができるようになるのか。はたまたどんな課題があるのか。それに向けてどんな試みが始まっているのか。その主な舞台となっている北海道を通してみていこう。

なぜ岩見沢市は視察が後を絶たないのか

「世界トップレベルのスマート農業をつくる」――2019年10月下旬に岩見沢市で開催されたスマート農業合同視察会で、農業用ロボット工学の第一人者である北海道大学大学院農学研究院の野口伸《のぼる》教授は何度かこう強調した。「世界トップレベル」を象徴するのは、無人状態の複数台のロボットトラクター（以下、ロボトラ）に関する監視と制御を同時に遠隔地から行う技術。その実演からロボトラの現在地と未来をみた。

石狩平野に位置する北海道有数の稲作地帯である岩見沢市は2019年度、北海道大学やNTTなどと共に農林水産省の「スマート農業加速化実証プロジェクト」事業に採択された。この事業では、センサーネットワークの構築とリモートセンシングの解析で広域にわたって生育状況を把握するほか、ロボトラや自動給水弁などを活用した労働時間の削減や可変施肥による増収などを目指すことになる。

達成目標は全国におけるコメの生産費の平均に対し５割減、つまり一俵（60キログラム）当たり８０００円にすることだ。これは政府が掲げる２０１１年生産費全国平均に対する目標の４割減、一俵当たり９６００円より難易度の高い設定である。その達成に向けて作業別に次の５つの目標値を設定している。①ロボトラによる耕起・整地で労働時間の３割減②ロボトラによる乾田直播《じかまき》で労働時間の３割減③水管理の巡回にかかる時間の３割減④定点カメラやドローンなどによるデータの収集や、農薬や肥料の適期における散布と可変施肥で収量と品質の10パーセント増⑤肥料投入量の適正化や作業人員の適正な配置などで収益の２割増……。このうちここでは本章のテーマである①と②のロボトラについて取り上げる。

2020年10月から5Gを導入

１００人以上が集まった合同視察会で実演したのは、無人のまま走行する４台のロボトラによる「協調作業」だ。複数のロボトラが一枚の農地で互いにぶつかり合うことなく、同時に作業をこなす姿はテレビニュースやドラマなどで見たことがある人も少なくないだろう。今回はロータリーを装着した4台のロボトラを走らせ、耕うんする様子を公開した。

併せて披露したのは、ロボトラが農地から公道を経て別の農地に移動する「圃場間移動」。今回は安全に配慮して、河川敷の遊水地を実演場所として選び、さらに北海道警察の特別許可で隣接する公道を閉鎖した。ロボトラは時速2キロメートルでゆっくり公道を走行した。

北大大学院の野口は「(農地での稼働だけではなく) 圃場間移動もできるなら、より効率的になる」と言う。とりわけ「本州のように分散錯圃が深刻な経営」では「こういう仕組みが必要」と述べた。私が見た限りでは、協調作業にしろ圃場間移動にしろ問題が生じることなく、作業をこなしたようだった。いずれも実演や映像で何度か見たことがあるので、私にとっては目新しさはなかった。それより注目していたのは、こうした作業を実現させるために岩見沢市で2019年10月から5Gの試験的な運用が始まったことだ。

5Gに期待するのは画質の良さ

「(4Gとの) 大きな違いは画質がぐっと良くなること。これが大事なんです」

こう語るのは岩見沢市役所は企画財政部情報政策推進担当の黄瀬《きせ》信之次長。画質を重視する理由の一つは事故の未然防止のため。もちろんロボトラには人や障害物を検知するセンサーが標準装備され、危険を回避する能力は基本的に備わっている。ただ、万一に備えて人が監視して、予想外の事態が起きれば車体を緊急停車させなければいけない。無人状態のロボトラを走行させる場合の人による監視は、現状は農地で立ち会うことが条件になっているが、2020年以降は安全に関する法整備やガイドラインが整い、単独で行えるようになることが計画されている。現場から送られてくる画質が悪ければ、遠隔地の監視者は問題の発生を見逃してしまう可能性が高くなる。

しかもロボトラは究極的には24時間体制で作業をすることが期待されている。日没後に走行をさせる場合であっても、モニター画面を通して車体やその周囲の様子を監視できなければならない。それには「4Gだと限界がある。5Gでちゃんとした画質を確保する必要がある」と黄瀬。

合同視察会における実演の直前に参加者が最初に集った建物の会場には、まさに4台のモニター画面が置かれていた。映っているのは2台のロボトラのそれぞれ前後の部分とその付近の様子。あいにくこの日はプログラムの設定に些細《ささい》なミスがあったため通信の状態が悪く、これらの映像は事前に撮った動画で、リアルタイムのそれではない。ただ、映像は編集していないので、画質が非常に良いことは認識できた。

では、遠隔地からどうやってロボトラを発車や停車などさせるのか。その答えはモニタ一画面の向こう、パソコンの画面を投影したスクリーンにあった。そこに映し出されたのはGIS（地理情報システム）の地図情報で、俯瞰《ふかん》した圃場の一筆に赤色の4つの丸が固まって並んでいる。これは先ほどの遊水地にいる4台のロボトラ。赤色は停車中であることを示している。青色になると走行を始め、さらに緑色になると作業を始めたことを表現しているという。実際に運営側のスタッフがパソコンを操作し、発車させたり作業をさせたりすると、赤色からそれぞれの色に段階的に変わっていった。

走行しながらリモートセンシング

今回のロボトラでもう一つ注目したいのは、リモートセンシングの機能も備えさせたことだ。センサーを取り付け、作物の状態をデータとして把握する。さらにそのデータは瞬時にクラウドに収集してAIで解析し、それを踏まえて肥料や農薬の適切な散布につなげる。たとえば第1章で紹介した、田畑の地力のむらに応じて散布する肥料の量を微妙に調整する可変施肥。これもロボトラに可変施肥機を装着すれば、走行中に地力のむらを判定しながら地点ごとに適切な肥料をまいていくことができる。もちろん緻密な解析を可能にするのがデータの精度である以上、5G導入は欠かせないわけだ。

岩見沢市にもまた全国の自治体が抱える農業の課題は否応なく押し寄せている。農業就業人口の減少、そして残る農家の規模拡大だ。農業就業人口は2019年が2462人で、2010年と比較して713人、22・5パーセント減っている。それと反比例するように、農家一戸当たりの平均的な経営耕地面積は14・2ヘクタールから20ヘクタールにまで広がった。北大大学院の野口は「このままでは管理が行き届かず、農地がぼろぼろになる」と、ロボトラによるリモートセンシングの重要性を訴えた。

以上、今回の実証試験の一端を紹介した。ところでなぜ岩見沢市が「世界トップレベルのスマート農業」を目指す舞台となっているのか。その熱量はどこから生まれているのか知りたいところである。

海外からも視察団が訪れる先端性とは

「すでに86件ですね」。岩見沢市役所の黄瀬が挙げたこの数字は、行政としてスマート農業について視察と講演の依頼を受けた2019年度11月末時点での件数である。ほぼ3日に1回ペースである。ここ数年でその件数が急増して個別での対応が難しくなったため、先に紹介したような合同視察会を開くことにしたのだ。なぜそれほどまで大勢の農業関係者が訪れるのか。

北海道有数の水田農業地帯を2019年に訪れた人々の名簿を見ていくと、国内の団体や企業だけではなかった。中国農業農村部長やタイ農業協同組合省、ドイツ連邦議会議員も名を連ねている。目的はいずれも同じ、「スマート農業の最先端」を見聞するためだ。黄瀬によると、どの国も関心の背景にあるのは人手不足であり、それに加えて、気象変動に対応するため環境データによって短期的に適切な栽培法を導き出すことにあるという。その実態を知るためにも、まずは岩見沢市における先端技術の導入の経緯を時系列に沿ってみていこう。

岩見沢市がICTの活用を始めたのは1993年にさかのぼる。「住民生活の質的向上」と「地域経済の活性化」をテーマに広域地域情報化促進協議会を設立。1997年には居住区域を全面的にカバーする自営の光ファイバー網の整備を市が開始。これで遠隔地からの教育や医療のほか、児童の見守りに関するシステムを構築した。

行政面積の４割強が経営耕地面積という岩見沢市が、農業のスマート化に取り掛かったのは２０１３年。同年１月、市の後押しを受けて、１０９戸の農家が「いわみざわ地域ICT農業利活用研究会」（会員数は現在１８７人）を設立した。４月には市がRTK－GPSの基地局と気象観測装置を設置した。

これによってRTK－GPSと自動操舵装置の導入を一気に進めた。市内の農家戸数は水稲以外も含めて約９００戸。このうち両方の技術を取り入れたのは、２０１９年３月時点で１５０戸に達する。市の調査では、その効果としてトラクターによる作業の重複が減り、労働時間は耕起と整地で２割減った。加えて直進時の作業速度は北海道平均より２割高まったという。

後者の気象観測装置については市内13カ所に設置。50メートル四方に区切ったメッシュの気象データとそれを踏まえた営農情報を提供している。対象の品目は水稲、小麦、タマネギ。こうして岩見沢市はハードとソフトの両面において、住民の生活だけではなく農業についてもスマート化を推進する体制を整えてきた。

スマート化の前提は「技術」ではなく「経営戦略」

以上の経緯で強調したいのは、市がRTK‐GPSの基地局を設置する前、じつは一軒の農家が自らの農作業の高度化のために独自に補正アンテナを立てていたことだ。市長がその農家を視察した際、GPSガイダンスシステムと自動操舵装置の効果について説明を受けた。これが市によるRTK‐GPSの基地局の設置や「いわみざわ地域ICT農業利活用研究会」の設立につながる。

研究会では農家が中心になり、農業に関する課題の整理とその対策のための先端技術の試験や普及を進めてきた。つまり岩見沢市のスマート農業の根幹には農家が経営戦略の一環で自主的に取り組んできたという事実がある。それを産学官が支援してきた。前に紹介した農林水産省に採択された事業「スマート農業加速化実証プロジェクト」もそうした流れの中に位置するもの。前提が「技術」ではなく「経営戦略」である点が大事なのだ。黄瀬が「視察に来る人たちの主な関心は『どんな技術を入れたか』よりも、それを農家が『どう使い切ろうとしているか』」と言うのも、それを反映している。

岩見沢市のスマート化にはもう一つ特徴がある。それは先ほど簡単に触れた通り、農村の産業だけではなく生活を支えるものであることだ。「暮らしにくければ、離農して出ていってしまう」と黄瀬。そうした事態を防ぐため、自営で設けた通信インフラを農民を含めた全住民に活用してもらい、ウェブで買い物をしたり、デマンドタクシーを利用したりする体制を整えてきた。

岩見沢市のスマート化に関する取り組みは産業と生活をする人に寄り添ったサービスだと感じる。関連する事業が全国で始動するなか、行政関係者には学んでもらいたい姿勢である。

北海道が直面する深刻な人手不足

ある地域が特定の野菜の生産地になることを目指す場合、これからロボトラを含めてロボット農機は欠かせない存在となる——。北海道の中でも大規模な畑作地帯の十勝地方の鹿追町で、加工・業務用キャベツとタマネギの収穫を無人化する事業の実証試験を視察して、あらためてそんな感想を抱いた。岩見沢市の稲作に続いて、重量があって人手がかかる野菜の産地の現在と未来という観点から、ロボット農機の意義についてみていきたい。

帯広市の北西部に位置する鹿追町は、十勝地方の中でもとりわけ農業で成り立っている町といえる。というのも町の人口約5300人のうち半数が農業関係者なのだ。

盛んな品目は酪農と畑作で、農家戸数は230戸。平均的な畑作農業経営体の経営耕地面積は45ヘクタールと都府県の20倍、農業生産額は計226億円（2018年）に及ぶ。この金額は町における総生産額の半分を占める。町民は「ほかにあるのは自衛隊だけ」と自嘲する。

とにかく農業は大規模なので、畑作専業農家の一戸当たりの平均的な収入は4700万円、粗所得は1600万円と、全国でも有数の儲かる経営をしている。それでも農家の戸数は毎年5パーセントずつ減っている。理由は経営破綻ではない。「後継者がいないため」（JA鹿追町）だ。結果、残る農家の経営耕地面積も一定の割合で毎年増えている。

十勝地方で輪作するのは小麦、馬鈴薯、甜菜、豆類の4品目。町では30年前、ここに加工用キャベツが加わった。いずれも機械化はされているものの、厄介なのは小麦を除けば作業に人手を要することだ。労働力はこれまで主に人材派遣に頼ってきたが、なにせ人口は約5300人に過ぎない。地元で集めるには限界があるということで、3年前から東京の大学生にアルバイトで来てもらうようになった。ただ、大学生の本分は学業なので、雇える日数は限られる。

人手不足でフル稼働できない収穫機

そこで立命館大学を代表にＪＡ鹿追町や農研機構、メーカーなどが共同で２０１７年度から開発を始めたのが、キャベツとタマネギの作業機械のロボット化だ。まず紹介したいのはキャベツ用である。ただ、その価値を理解してもらうには、まずは現状の機械化体系を知ってもらったほうがいいだろう。

キャベツの収穫は人が畑に入り、専用の包丁で株元を切り取っていくのが一般的。ただ、大規模な産地では収穫機が普及している。メーカーのオサダ農機株式会社（北海道富良野市）によると、全国での普及台数は１５０台。このうち半数は北海道である。鎌田和晃《かまだかずあき》社長は「１０００万円するので、３ヘクタール以上の大規模産地で導入が進んでいる」と話す。

収穫機の仕組みは次の通り。前部の運転席では人がハンドルを握って車体を進ませ、後部の荷台では別の人たちが収穫されてくるキャベツの選別と調製を行い、コンテナにそれを入れ込んでいく。畑で中腰になりながら包丁を使って手で収穫していた時よりずっと省力になるということで、ＪＡが６台を導入して、農家から料金をもらって作業を受託している。

ただ、現時点で6台はフル稼働していない。収穫機に乗る人が十分に集められないからだ。こうした状況は都会で暮らす人には想像しにくいことかもしれない。ただ、それが農業の産地の実態である。

ほかに機械化できているのは、収穫したばかりのキャベツを詰め込んだ鉄製コンテナ（以下、鉄コン）を圃場の外に運んでトラックに積載するタイヤショベル、それから集荷場で大型トラックに詰め込むフォークリフトがある。共同事業ではこれらのロボット化も進めている。

AIでキャベツを検出

今回の実証試験の様子を紹介しよう。まさに畑で人の乗ったキャベツの収穫機が稼働して人が忙しそうに働いている最中、その傍らで衆目を集めて動き出したものこそ収穫用のロボットだ。開発のベースとなったのはもちろん人が乗った収穫機。これを無人化し、複数のカメラでキャベツを検出して、自動で切り取るようにした。無人で走行できるのはGPSガイダンスシステムと自動操舵装置を搭載しているからだ。

キャベツの検出に使うのはAI。撮影した画像から外葉に包まれた玉の位置を見つけ出す。併せて土壌の表面の位置を検出しながら、ロボットの収穫部を適切な位置に調節する。実証試験では従来の収穫機よりいささか速度が遅かったものの、切り取りでロスを生むことなく精度よく仕事をこなしていった。

鉄コンに一定量のキャベツを積み込むとロボットの収穫機は停車した。その後方に待ち構えていたのはロボットの台車。こちらもGPSで自らの位置を随時把握すると同時に、AIで収穫機の位置を確認しながら、その距離を段々と縮めていく。やがて結合部を接続させて合体すると停車した。すると双方の機体にあるレールを伝って、まずはキャベツを積んだコンテナが台車に移送された。それが終わると、今度は空のコンテナが台車から収穫機に移送された。一連の作業を終えると、双方の機体は分離し、収穫機は再びその仕事に取り掛かるため走り始めた。

目指すは収穫から運搬、集荷、出荷までの自動化

一方、キャベツを積んだ台車はというと、畑の出入り口にゆっくりと向かっていく。到着すると停車した。そこで待っていたのは無人走行するフォークリフト。台車に近づいていき、間近で停車するとフォークを上げ、コンテナの底に位置を合わせると、前進した。

本来であれば、フォークがコンテナの底に入り込み、そのまま持ち上げるわけだが、今回は高さの調整がうまくいかず断念することとなった。路面の凹凸が多くて機体が安定せず、高さを調整できなかったようだ。構想では、フォークリフトはコンテナを持ち上げ、畑の外で待つトラックに積載することになっている。

なお、フォークリフトがコンテナの位置を把握する技術ではGPSやGNSSを使っていない。代わりに車体に取り付けた光センサー技術「ライダーLiDAR」がものをいう。第1章で説明したように、レーザーを全方位に飛ばして周囲にある対象物の輪郭やそこまでの距離を把握する技術である。この技術が昨今注目されているのは自動車の自動運転において。一定の空間における障害物を検知し、事故を起こすことなく自動車を安全に走行させることが期待されているからである。自動車メーカーからの需要の高まりから、2025年には3300億円を超える市場になるという。

トヨタグループの株式会社豊田自動織機と自動車の自動運転の技術を開発している立命館大学はライダーを農機の自動化に転用しようとしている。その一つがロボットのフォークリフト。フォークリフトに装備したライダーが台車や鉄コン、人や障害物を検知。まるで眼があるように鉄コンの輪郭を把握し、フォークを上下させながら上手にそれを載せた後、トラックまで運搬するといった作業を自動化することを目指している。

事業の最終目標としては、フォークリフトにより運ばれたコンテナを積載したトラックは、無人運転で集荷場に収穫物を運び込む。出荷の際には、これまたロボットのフォークリフトがトラックに積み込むことになる。今回の実証試験では後者のロボットも披露された。

以上、キャベツの収穫から出荷に至る自動化・無人化に向けた開発の現在をみてきた。精度はフォークリフトを除けば高いものだった。2023年をめどに実用化するという話で、技術的には十分に期待できる気がした。

オニオンピッカーとトラクターを無人化

十勝地方では今、タマネギの生産も拡大している。総作付面積は2013年に406ヘクタールだったのが2018年に685ヘクタールに達した。背景にあるのは業務・加工用の需要の拡大である。それに応えるため、今後も増産していくにはやはり人手不足が課題になる。2019年に鹿追町で開催された実証試験ではタマネギ向けのロボットも披露された。単に無人化するだけではなく、人手を省くために作業体系も変える狙いがある。

十勝地方でのタマネギの生産におけるロボット化の意義と課題を理解するために、まずは機械収穫の工程について説明していこう。

最初に根切り機で根を切断する。これをしないと玉が変形したり外皮が薄くなったりするからだ。そのまま玉を2週間ほど畑に放置した後、乗用型のオニオンピッカーで拾い上げていく。この機械では茎葉の処理から選別、鉄コンへの収納までを行う。オニオンピッカーには操縦席に1人のオペレーターがいるほか、拾い上げた玉が搬送されてくる後部の作業台に玉を選別するため4人の補助員が乗るようになっている。

今回の事業では、以上の作業のうち、オニオンピッカーに加えて、それと伴走するトラクターの無人化を目指している。通常だとオニオンピッカーは単独で走るわけで、なぜトラクターを伴走させるかは後述する。

9月半ばに開催された実証試験の現場となったのは大規模な畑の中の小さな片隅。注目したのはオニオンピッカーが人と同じように仕事を正確にこなせるかどうかだ。

国産のオニオンピッカー（訓子府《くんねっぷ》機械工業株式会社）は「ダッー」という音を鳴らして、無人のままゆっくり走りながらタマネギを拾い上げていく。それとほぼ同時に向かって左隣のロボトラもまた操縦席に人がいないまま伴走を始める。その後部には台車を装着していて、空の鉄コンをいくつも積み重ねている。

オニオンピッカーは複数のカメラで畑にある玉の位置を検出すると同時に傷の有無を確認。商品となりうる玉だけを拾い上げ、残りは畑に残していく。結果、作業台の補助員による選別を不要にする。

選別した玉はベルトコンベアーの搬送部を通じて、ロボトラの台車に載った鉄コンに入り込んでいく。ただ、残念ながら作業を始めて数分で止まってしまった。現場を案内した立命館大学の学生や十勝地方の農業改良普及センターの職員の話によると、搬送部にタマネギの茎葉が詰まったという。今回は直播をした畑だったうえ、7月の天候不順で生育が遅れており、茎葉が枯れ切っていなかったそうだ。そのため搬送部に絡まったのではないかという。

ちなみに直播にしているのは加工・業務用だからである。これらの用途では海外産に押されており、国産が市場を奪還するためには低価格化が求められているのだ。直播は畑に直接種をまく。つまり事前に苗を育てる必要がなく、その分だけ費用を抑えることができるわけだ。

狙うは収穫から搬出までの無人化

ところで先ほど述べた通り、既存の作業体系ではトラクターが伴走することはない。オニオンピッカーに鉄コンが搭載されており、補助員が選別して問題ないとされた玉だけがそこに自動的に入るようになっている。鉄コンは満杯になるたびに畑に放置されていく。北海道の畑作地帯を回ると、一枚の畑にいくつもの鉄コンが不規則に並んでいる様子をあちこちで目にする。

今回の事業でロボトラを伴走させて鉄コンを運ぶのは、もちろん人手を省くためである。畑に鉄コンを放置しておくと、後でロボトラが回収に向かわなければいけない。ロボトラが無作為に置かれた鉄コンを探し出し、拾い上げ、畑の外に持っていくのは現在の技術では難しい。今まで通りに人が操縦できれば問題はないが、すでに何度も述べたように十勝地方はとにかく人手が足りないし、今後さらにそれが深刻になる。そこで本事業では収穫と同時にロボトラで鉄コンを畑の外まで搬出してしまおうというわけである。

さて、気になっていた作業の精度はどうだったかといえば、改良の余地があるようだった。というのも何度も腐った玉まで拾い上げ、鉄コンに入れていたからだ。農業改良普及センターの職員によると、「腐った玉の中には外観だけでは識別できず、触ってみないと

ハーベスター「テラドス」(右側車両)、トレーラー(左車両)、トラクター(左手奥で見えない)による作業

分からないものがある。人であれば触ればすぐに気づくが、カメラはそこまで判別できていないのだろう」という。のちに述べるように、この選別を食品加工場でやったほうが効率がいいのではないかという意見がある。

収穫機とロボトラとの伴走はほかの品目でも試している。この実証試験の翌月に再び鹿追町を訪ねたとき、たまたまそれをみせてもらう機会を得た。

場所は、第1章にも登場した西上経営組合が耕作する、一枚が15ヘクタールという広大な畑。海外製の馬力のある大型の農機がごろごろと存在する北海道でも、まずもってみないような巨大で赤色をした農機が、唖然とするような広大な畑を悠然と走っていった。それは甜菜を収穫するドイツ製のハーベスター「テラドス」である。一度に収穫できる列は、従来のハーベスターが1列ずつなのに対し、ドイツからやってきたこの化け物なら4列である。一枚の面積が15ヘクタール、片道が500メートルを超える畑を快走していく姿は夕日に照らされて壮大である。

収穫と同時に積み込む

JA鹿追町はロボトラの導入を見据え、効率化という面から新たな作業体系を構築する試みに乗り出している。その一つがハーベスターによる甜菜の収穫。今回の実演の見所は、このハーベスターにトレーラーを牽引するトラクターを伴走させて、収穫と同時に積み込むことにある。

実演では、ハーベスターは掘り取った甜菜が一杯になると、トラクターが牽引するトレーラーに送り込む。甜菜を満載したら、トラクターは畑を出て、隣接する一時的な置き場である土場《どば》に向かう。畑に控えていたもう一台のトラクターが、間を置かずにハーベスターと伴走を始め、時間が経ったら同じようにハーベスターから甜菜をもらい受ける。トラクターは土場で甜菜を降ろすと、再び畑に戻り、もう一台のトラクターと入れ替わる。あとはこの作業の繰り返しだ。

ロボットコンバイン。コンバインとは穀物を収穫する機械。そのロボットも2018年から市販されている

トラクターの伴走がなぜ見所だったかを知るには、現状の作業の様子を理解する必要がある。通常、ハーベスターは掘り取った甜菜が満杯になると、収穫をいったん止めて畑の隅か、畑の外にある専用の土場に降ろしにいく。いずれかの場所に積み上げた甜菜は集荷日になると、タイヤショベルとダンプが取りにきて、製糖工場に運んでいく。これではハーベスターが常時収穫できないし、人手や機械が余計にかかってしまう。とりわけ北海道のように一枚の畑の面積が大きければなおさらだ。

それを解消するために、JA鹿追町はハーベスターには休むことなく掘り取らせ、収穫した甜菜はトラクターが運ぶという方式を検討しているのだ。2020年以降にトラクターは無人で複数台が自動で走行する時代がやってくる。そうなればオペレーターは不要になる。人は遠隔地のモニター画面でトラクターの動きを見守るだけになる。

JA鹿追町では、ほかに小麦を収穫するコンバインとの伴走も試している。実証試験で使ったコンバインは米国のニューホランドNEW HOLLAND「TX-64 PLUS」、ちなみに伴走したトレーラーはドイツのフリーゲル FLIEGL 製「GIGANT ASW 270」で容積は40立方メートル。牽引したトラクターの馬力は180PS（仏馬力）以上である。

畑の境界を越えるトランスボーダーファーミング

JA鹿追町は、ロボトラを核にした新たな作業体系の効果をより大きくするには、従来の農地の枠を越えることが欠かせないとみている。鹿追町では一部の地区で作業用道路を削るなどして、一枚の畑の面積を大きくしてきた。ただ、その畑の中には複数の地権者、つまり耕作者がいて、それぞれに枕地《まくらぢ》（圃場の端で農機を旋回する場所）で区切り、別々に管理しているため、機械作業の効率が上がらない。そこで構想しているのがドイツで実践されている「トランスボーダーファーミング」。一枚の畑に複数の地権者がいても、その境界を越えて播種《はしゅ》や施肥、農薬の散布、収穫などをするというものだ。この場合、農家は耕作者というよりも所有者に近くなっていく。耕作は別の人に作業料金を支払って任せ、その畑から上がってくる収益を受け取ることになる。

推進するうえで壁は低くはない。枕地で区切った畑はそれぞれ地力や土質に違いがある。ただ、先述したように最近では地力のむらに応じて散布する肥料の量を調整する可変施肥機が普及しつつある。

このようにハードは解決できる方向にある一方、残る大きな課題は農家の説得だ。トランスボーダーファーミングは農家にとって別の農家に農作業をゆだねるため、耕作の意欲を低下させたり、その喜びを奪いかねないという心配も出ている。

鹿追町の農家の平均耕地面積は過去20年で倍増し、45ヘクタールに達した。近い将来に100ヘクタールになるのは目に見えているという。このまま現状の農地の使い方をしていては、これからの規模拡大に対応できなくなる。トランスボーダーファーミングが実現すれば、実証試験をしているロボトラとハーベスターとの伴走による効率も飛躍的に高まる。それに向けて、まずは大規模な畑で機械作業をすれば、どれだけ生産効率が高まるかを示そうとしたのが、今回の実証試験だった。ＪＡ鹿追町の革新的な取り組みの行方に今後も注目したい。

以上、鹿追町での加工・業務用向け野菜に関するロボットの実証試験の様子を紹介した。総じていずれのロボットも完成度はかなり高いように受け止めた。とはいえ人が選別する場合と比べて、どうしても傷物や腐敗物が混ざってしまうことが課題として残っている。気になるのは、ほかの産地や需要者がそのことをどう受け止めるのか、だ。

収穫のロスや傷物をどうするか

「ロボットで収穫すると、野菜がきれいに取れなかったり、鉄コンにきれいに積めなかったりすることが出てくると思うんです。そうなるとつらいのは、クレームで返品されること。買ってくださる側は、そのことを受け入れてくれるのでしょうか」

ロボットの実演と前後して開催されたシンポジウムの会場でこう問いかけたのは、JAとぴあ浜松（静岡県浜松市）の農家。人力で収穫する場合と比べてロボットだと取り残したり、収穫の最中に誤って傷つけたりすることが生じることを心配したのだ。ちなみに同JAは野菜の販売額は年間106億円（2019年）で、販売額の順位を作物別でみると5位にタマネギが11億円で入っている。

この農家が質問を投げかけた相手は、農林水産省枠の今回の事業を担当する研究者やJA鹿追町の職員ら5人の登壇者。このうち最初に回答したのは同JA営農部の今田伸二審議役である。積載効率について「確かに落ちると思う」と言及。ただ、既存の機械化体系のままだと人手がかかり、その人手の確保がますます難しくなる。「人がいなくなれば、輸入にとって代わられるだけでは」と疑問を投げかけ、生産に対する意識の変革を求めた。

外葉を取るだけで2000万円

続けて回答したのは今回の事業の統括責任者である立命館大学理工学部の深尾隆則教授（現在は東京大学大学院情報理工学系研究科教授）。人手でこなす場合と違い、開発中のロボットでは収穫時にキャベツの外葉を取ることは想定していない。それは技術的に「できる」としながら、「それだけお金がかかる」と説明。具体的には外葉を取るためのアームを取り付けるだけでなんと2000万円かかるという。「機械化のコストと開発にかける時間」という点から、外葉を取り除く技術を取り入れることは現実的ではないと主張した。

ロボットで収穫した場合にもう一つ心配されるのは、畑から引き抜いたキャベツの株元を切り取る際、誤って玉も斜めに切ってしまう「斜め切り」が生じること。深尾は「当然ながら斜め切りは出るでしょう」と正直に打ち明けながら、次のように発想の転換を求めた。「従来のように機上で選別するのかどうか。むしろ食品工場のほうが圧倒的にたくさんの量が来るので、そこで選別したほうが費用対効果としてはいいのではないか」

この意見はロボットの限界を補うものとして貴重である。続けて深尾は「将来的に人がかなり減ることを考慮したなかでシステムを変えないといけない」「現在の延長線上ではない形を追い求める」「流通側での過剰な要求もある」などと主張。生産側だけではなく流通側の意識の変革を求めた。

言葉を継いでもらうためにマイクを渡した相手は青果物の流通と加工の事業関係者で構成する野菜流通カット協議会の木村幸雄会長。「全国に加工・業務用野菜の産地がたくさんある。JAとぴあ浜松の方の発言は、そうした産地のみなさんの総意かなと思います」と受け止め、次のように答えた。「実需が求めることに対して、どういう作業がいいのかは互いに言葉にして言うことで大きな改善につながると思う」

キャベツの収穫ロボットは2016年の段階で実見していたという。当時の出来と比べて、「レベルが違う。斜め切りはほとんどない」として、「割れとか病気の有無がきちんとチェックされていれば、業務・加工用では問題なく使える」と評価した。

すでに人の代わりとなるさまざまなロボットが開発されている。ただ、今回の実証試験であらためて気づいたのは、その期待に十全に応えることはいずれのロボットでもまだ難しいということだ。深尾がシンポジウムを通じて人の手の動きの緻密さに何度か言及していたように、それを再現するのは、たとえ技術的にはできることであっても、現実的には費用対効果の問題もあって遠い先のことになるだろう。だからといってロボットの開発が無意味といってしまっては、産地だけではなく食産業そのものの未来が危ぶまれる。人間と比べた場合にロボットができないことがあることを受け入れながら、食産業の維持や発展という観点からいかに使いこなしていくか。サプライチェーンに携わる関係者の総合力が問われている。

ロボトラは畑作では使い切れない

北海道において農機の中で自動化や無人化がとりわけ期待されているのはトラクターといっていい。作業機を付け替えることで数多くの仕事をこなせるだけあって、運転する時間が多いからだ。

農林水産省は2020年までに遠隔監視による無人化のシステムを構築することを公言

図5　畑作と稲作のトラクターの使用頻度の違い

作業内容	水田作業	畑作農業			
		小麦	馬鈴薯	豆類	甜菜
施肥	ブロードキャスター	同左	同左	同左	同左
耕うん 砕土 整地	ロータリー 代かき ロータリー	リバーシブルプラウ パワーハロー	リバーシブルプラウ ディスクハロー ロータリーハロー	同左	同左
播種・移植	──	グレーンドリル	ポテトプランター	プランター	ビート移植機
中耕除草	──	──	株間除草機3回 成畦培土機1回	株間除草機3回	同左
防除	──	ブームスプレイヤー 6回	ブームスプレイヤー 10回	ブームスプレイヤー 5回	ブームスプレイヤー 6回
収穫	──	──	ポテトハーベスター	ビートハーベスター	ビートハーベスター
総回数	3	10	20	14	15

（注）帯広畜産大学 佐藤禎稔教授の資料をもとに作成

している。ただ、「抜け落ちた技術がある」と指摘するのは、帯広畜産大学畜産学部の佐藤禎稔《ただとし》教授（大規模農業機械学）。「今のままでは北海道の畑作地帯では使いきれない」という。いったいどういうことなのか。帯広市にある研究室を訪ねた。

国内の農機メーカーのうち２０１９年11月時点でいわゆるロボトラを出しているのはヤンマーとクボタ、井関農機。馬力が最も大きいのはヤンマーで１１３馬力。続いてクボタが１００馬力、井関農機が65馬力。そのほかのメーカーではロボトラと言っているものの、実際にはGPSガイダンスシステムを標準装備しているだけで、人や障害物を認識するセンサーは付いていない。さて、大手各社のロボトラは稲作で使う分には問題ない。

ただし、「畑作となると話は別」。佐藤はそう言い切る。それは畑作では耕うんや播種、中耕除草、防除、収穫など、それ1台でいろんな作業をしなくてはいけないからだ。つまり、多数の作業に対応しなければいけないし、それだけ使用回数も多い。

「この表を見てください」

そう言ってパソコンに映し出した表には、稲作と畑作でのトラクターの主な作業が一覧になっている（図5を参照）。

「稲作ではブロードキャスターで肥料をまき、耕うんや砕土、整地はロータリーで行う。トラクターを使うのはせいぜい3回です」

一方の畑作では、たとえば馬鈴薯を作る場合だとブロードキャスターで肥料をまき、リバーシブルプラウやディスクハロー、ロータリーハローで耕うんと砕土、整地をする。さらに播種にはポテトプランターが必要。管理作業には株間除草機や成畦《せいけい》培土機を使い、ブームスプレイヤーを薬液散布などで10回ほど使う。それらをトラクターが牽引するわけで、するとトラクターの使用回数は20回にもなるそうだ。

しかも十勝地方では畑作4品目として馬鈴薯のほかに小麦、豆類、甜菜を輪作している。トラクターを使う回数はそれぞれ小麦が10回、豆類が14回、甜菜が15回になる。累計すれば60回近くになり、稲作と比べると圧倒的に多い。佐藤が大手農機メーカーの開発部長から、「なぜ畑作用にロボトラがいるのか」と聞かれた際、この表を見せたら驚いたという。ただ、いずれのロボトラも水田用に開発されているので、残念ながら畑作の一部の作業機については連動することを想定していないそうだ。

現状では連動できない三つの作業

では、具体的にどの作業機と連動できないのかといえば、リバーシブルプラウとブームスプレイヤー、ポテトハーベスター。リバーシブルプラウとは作土の天地返し、つまり作物に養分を吸収された上層の土と、そうではない下層を反転させて入れ替える作業機である。耕すことが農耕の基本であるなら、リバーシブルプラウはまさにそれに当たる。ブームスプレイヤーとは病気や害虫を防ぐために薬液を散布する作業機。ポテトハーベスターとは名前の通り、馬鈴薯を収穫する作業機。いうまでもなく、いずれも北海道の畑作に欠かせない。

佐藤によると、このうちリバーシブルプラウは牽引するだけなら問題ないが、プラウを枕地で反転させる機能が付いていない。リバーシブルプラウは枕地で反転を繰り返すことで、土をくまなく耕せるようになっているので、反転の機能は不可欠なのだ。ブームスプレイヤーではブームの自動開閉や散布の高さの自動調整ができない。それからロボトラは牽引バックもできないので、これだと馬鈴薯の収穫時に畦数が少なくなると旋回ができなくなる。そうなると全面収穫ができず、取り残しが出てしまう。

大きく分けて以上三つの作業に現在のロボトラは対応していないのだ。いずれも普段はトラクターに取り付けて使う作業機。これらを克服しない限り、トラクターがロボット化しても畑作では十分に使えないといっていい。

「いずれのロボトラも水田用に開発されている」というのは初耳であり、驚きだった。水田用であるために畑作では使い切れない。この事実は北海道の畑作地帯には大きな痛手である。なんといっても北海道は国内の農業産出額の14パーセントを誇り、十勝とオホーツクの両地方はその牽引役である。両地方の生産力が落ちれば、食料が行き届かなくなる恐れだってあるのだ。そうならないために、ロボトラをめぐってどんな研究や開発がなされているのか。

佐藤の研究室がまず手掛けたのがリバーシブルプラウを自動で反転させることだった。ロボトラにセンサーやマイコンなどを装備した。ロボトラが枕地に達したら、リバーシブルプラウが自動的に持ち上がるので、その動きをロボトラのセンサーで感知して、自動で反転させるようになっている。実証試験では20インチ3連のリバーシブルプラウで成功した。自動反転は10秒でできた。その動作を見た農家からは「スムーズでいいね」と評価してもらったという。

自動化で農作業事故の撲滅と労働時間の4割削減を

それからブームスプレイヤーでは、ブームの高さを調整できないのが課題だった。

「これが一番ハードルが高かった。畑が平らでないと、ブームの高さが変わってしまう。そうなると、散布した農薬の量に濃淡が出たり、ドリフト（飛散）が発生したりします。だからブームの高さを制御しないといけない。通常のトラクターであれば人が手動でそれをこなしますが、ロボトラにはそれを自動で行う機能がないんです」

佐藤は30年前に超音波センサーをブームに取り付けて、対象物との距離を検知し、ブームの高さを調整する装置を作ったことがあった。ただ、当時は早すぎて、商品化までには至らなかった。今回再挑戦ということで、光センサーをブームの要所に取り付けた制御装置により、走行中に地面との距離を検知しながら、高低差が生じないように制御する。実証試験では問題なく散布できたという。その様子を動画で見せてもらうと、確かに説明通りの動きをしていた。

最後はトラクターに取り付けて作業させるポテトハーベスター。佐藤によると、ロボトラは作業機を牽引しながらバックすることが難しいなどの理由から、ポテトハーベスターを牽引して収穫の作業はできないという。というのも、ポテトハーベスターは枕地に到達したら、バックしては少しハンドルを切って前進するということを繰り返しながら旋回する。でもロボトラはバックができないから、この作業もできない。ただ、ある手法を使えばバックをしなくても、全面収穫ができることに気づいたという。このほど実証試験をしたところ、まったく問題なく圃場全面を無事に収穫することに成功した。あいにく「ある手法」は特許の絡みで現時点では公にできない。

馬鈴薯の収穫でロボトラを利用できるようになれば、農作業事故を減らすことにもつながる。ポテトハーベスターは走行中にオペレーターが畑に降りることがあり、その際に車体に轢《ひ》かれる事故が後を絶たない。そうした事故をなくすためにもロボトラに期待するところは大きい。佐藤は「馬鈴薯の作業体系を一貫して自動化し、作業者の労働時間を4割削減したい」と目標を語る。

ロボトラをめぐっては夢や可能性ばかりが話題になる一方で、こうした現実的な話は知られていないのではないか。ロボトラを現実のものとするため、抜け落ちた技術をすくい上げ、実用にもっていこうとする佐藤の熱意には頭が下がる。

第5章　データのやり取りは世界標準の通信規格で

作業機との連携で不可欠の世界標準「イソバス」とは

前章の最後にロボトラと作業機の連携の問題点を指摘したが、もう一つ見落としてはいけないのは、両者のデータ連携を担保する通信規格「イソバス ＩＳＯＢＵＳ」だ。イソバスはメーカーを問わずトラクターと作業機との間で行われるデータ通信の相互接続を担保する世界標準規格である。

最近のトラクターや作業機は電子制御化が進み、相互にさまざまなデータのやり取りをしながら、農作業の高度化を図れるようになっている。たとえばトラクターの走行速度に合わせて作業機の動きを変化させることができる。第1章で紹介した地力のむらに応じて散布する肥料の量を調整する可変施肥も相互にデータ通信ができるからこそ可能になる仕事である。ただ、トラクターと作業機との間で通信制御の方法が異なると、データ連携ができなくなってしまう。その場合は通信制御の方法が同じトラクターか作業機を買い直さなければ、農作業を高度化できない。あるいは作業機側にセンサーを取り付け、トラクターの動きを感知して作動するようにしてきた。そうした課題を解消するために、両者のデータ通信の国際規格としてできたのがＩＳＯ　１１７８３である。

この国際規格の普及を目指す業界団体としてＡＥＦ（Agricultural Industry Electronics

Foundation：国際農業電子財団）がある。そしてAEFがISO 11783の実装に向けて定めた統一仕様こそがイソバスなのだ。AEFの主な活動は、相互接続性に関する適合テストを用意し、トラクターや作業機を認証する仕組みの導入を促進することだ。AEFには世界の主要な農機メーカーが会員として参加している。

では、イソバス仕様のトラクターや作業機で具体的に何ができるのか。これに関して話を聞いたのは公益財団法人とかち財団（帯広市）のものづくり支援部の田村知久課長。同財団は2018年8月に農機メーカーや大学などとイソバス普及推進会を設立。この国際規格に準拠した作業機の普及や開発を支援している。

田村によると、イソバス仕様となると、メーカー問わずトラクターと作業機との間でデータ連携ができるほか、市販されているいずれのターミナル（トラクターや作業機を操作するタッチパネル式の端末）を用いても作業機を操作できるようになる。つまり一つのターミナルで異なる作業機、あるいは複数の作業機を操作できるようになるわけだ。ロボトラに作業機を付け替えたとしても、それに対応した画面がターミナルに映し出される。

ほかに次の三つのことができるようになる。一つは作業の履歴をデータとして残せる。第1章で紹介した営農を支援するためのデータの管理システムを覚えているだろうか。名前の通り、農業生産に関する三つのデータのうち主に管理データを扱うものだ。管理データとは人為的なマネジメントに関するデータのこと。たとえば種子や農薬、肥料をまいた時期やその量、あるいは農業機械をどこでどれだけの時間動かしたのかも含む。人がロボットを通して間接的に働きかけることも、これに当たる。こうしたデータを扱う管理システムはメーカーや農家が個々に開発したり、サービスを提供したりしている。イソバスをこれと連携させれば、どこに、いつ、どれだけの農薬や肥料をまいたか、それにどれくらいの時間がかかったかといったデータを一つに集約できる。ちなみに十勝地方の6割近い農家はJAグループの十勝農業協同組合連合会がサービスを提供する総合支援システムを使っているとされている。このシステムは数年以内にイソバス対応になるという。

二つ目は圃場の地力むらのマップを踏まえて、可変施肥機でまく肥料の量を調整できるようになる。これに関しては第1章でみた通りで、肥料代を節約したり、作物の収穫量の低下を防げる。

三つ目はGPSやGNSSの位置情報を踏まえて、重複した作業を避けるよう、作業機のセクションをコントロールできるようになる。たとえばブームスプレイヤーの場合、一度まいた箇所にまかないよう、散布ノズルの開閉を自動で行える。農薬や肥料の散布は田畑を往復しながらこなせる。とくに三角形など特殊な形状をした畑だと、作業していて農薬や肥料をまいたか、まいていないかが分からなくなってくるので、この機能は大事になる。

北海道で普及するイソバス仕様の機種

以上、田村から、トラクターと作業機がイソバス仕様になることで可能になることの概要を聞いた。現時点（2020年3月末）においてイソバス仕様の農機を開発しているのはほとんどが海外のメーカーで、国内の農機メーカーではおそらくクボタのトラクター「M7」だけだろう。

とはいえ北海道では主に大規模な畑作地帯でイソバス仕様の海外製トラクターや作業機の導入が進んでいる。もともと海外製の農機を購入する農家が多く、イソバスに関する情報を得やすかった。加えて経営耕地面積が大規模なので、データを自動的に収集できることで、経営の管理がしやすいということを実感しているからだ。

田村によると、「若い世代を中心に導入がどんどん増えている」。ただ、道庁によれば、日本国内では現時点でイソバス仕様の作業機として開発され、普及しているのは可変施肥機のみ。そこでイソバス普及推進会は会員のメーカーや大学、研究機関とともにほかの作業機の開発を進めている。

作業機からトラクターを制御する時代

ところでイソバス仕様の農機はトラクターが作業機を電子制御しているのが現状だ。それが2019年12月、トラクターと作業機の双方向の電子制御を可能にするイソバスの基準「TIM」をクリアした機械が解禁になった。これにより実際の作業をする作業機からトラクターの走行速度や油圧弁などの操作を自動で制御できるようになる。田村によると、北海道でこの機能にとくに注目しているのは馬鈴薯と畜産の関係者だという。

まず馬鈴薯について説明すれば、ポテトハーベスターで収穫していると、機上で人が選別しているところまで、不良品の芋や石などの夾雑物《きょうざつぶつ》が一緒に上がってくる。夾雑物が多いと選別に時間がかかるので、走行速度を遅くしたい。逆に少なければ速くしたい。そのためには夾雑物の量に関するデータをつかむ必要があるが、トラクターではそれができない。だから収穫機のほうでそのデータを把握しながら、必要に応じてトラクターに走行速度を変えたり停車したりするよう指示しなければいけない。これはナガイモのプランターでも同じだ。人が種芋をプランターに供給する速度に個人差がある。「TIM」をクリアした機械では、それに配慮しながらトラクターの走行速度を変えるよう、プランター側から指示できるようになるのだ。

一方、畜産で開発が期待されるのは、刈り取った牧草を集めて圧縮し、ロール状に梱包《こんぽう》する機械のロールベーラーとトラクターとの連携。牧草を刈り取り、ある一定の量になったらロール状にして自動でトラクターへ搬出できるようになる。現状は牧草を満載したらセンサーが検知してオペレーターに伝える。オペレーターはトラクターをいったん停車し、ロールベーラーから排出するようタッチパネルを使って手動で指示する。これを何度も繰り返すので、手間がかかってしまう。作業機からトラクターに直接指示できるようになれば、オペレーターは楽になるのだ。

田村は作業機からの電子制御が農作業の自動化にとって欠かせないという。

「これまで自動化や無人化はロボトラの開発ばかりが話題になってきました。ただ、ロボトラが登場しても、じつはあらゆる作業を自動化できないんですね。あくまでも作業ベースでトラクターをコントロールしないといけないので、やはりマスターになるのは作業機なのではないかと思います」

トラクターと作業機はデータの宝庫

以上でみてきたことから想像できるように、トラクターと作業機はデータの宝庫だ。ただ、イソバスで利用するデータはそのごくわずかな部分に過ぎない。両者では相当量のデータの収集や通信がなされているものの、蓄積されずに破棄されているのが現状である。「もったいないですよね」。こう語るのは農研機構・農業技術革新工学研究センターの自律移動体ユニット長の西脇健太郎。西脇はそうした捨てられている膨大なデータを収集する方法を開発し、営農に役立てることを目論《もくろ》んでいる。

そのための試みとして、まずは関連するデータをすべて収集した。「かなりの費用がかかりました」というそのデータの一部を分析すると、たとえば次のようなことが分かってきた。トラクターに装着する作業機の一つにサブソイラがある。これを土の中に突き入れて進むことで、下層部にあるすき床《どこ》層やトラクターが踏み固めた重みでできた硬い層に亀裂を入れ、水の通りや排水を良くすることができる。途中で石などのあまりに硬いものが眠っていれば、そのまま突き進もうとするとサブソイラのナイフ部分が破損する恐れがあるので、その場合はサブソイラを一瞬引き上げる。障害物を回避したら、すぐさま元の深さに戻す。そうしたサブソイラを上下した動きをデータとして収集。ＧＩＳ（地理情報システム）を用いて畑一枚の中でサブソイラの入った深さに応じて色分けした。

同時に用意したのは、衛星画像データを基にその畑での作物の生育の状態を解析し、その状態に応じてGISで色分けした地図。両者を照合して気づいたのは、サブソイラが浅く入ったエリアの一部で作物の生育が良くなかったことだ。その場合、施肥量を多くするといった対応をすればいい。一方、サブソイラが深く入っていても、生育が悪かったエリアもある。そこには別の原因が考えられる。西脇はこうしたデータを収集して、AIに解析させたら「面白くなるのではないか」とみている。

ここで押さえておきたいのは、ビッグデータの時代には因果関係から相関関係に主軸が移るということだ。膨大なデータと高度な計算処理能力があれば、最も相関の高い事柄を特定できてしまうのだ。それは照応関係であって蓋然《がいぜん》性の問題である。人間は知的好奇心が旺盛だから、物事の仕組みを解き明かすのに因果関係を追い求めてしまいがちだ。あらゆる結果には必ず原因があると考えてしまうのだ。ただ、因果関係を追及するのは厄介だ。追及したところで原因などないかもしれない。相関関係の特定に必要なデータがそろうなら、AIを使うに越したことはない。

トラクターと作業機のデータを解析することで、ほかにどんなことが分かるのだろうか。

西脇はこんな夢を膨らます。

「燃料消費のデータも収集できるので、そこから作業日誌をつけることを自動化できるのではないでしょうか。どの機械がいつ、どの圃場に、いつからいつまで、どんな作業をしていたというデータが簡単に取れる。そのときに燃料をどのくらい消費し、走行時間と休憩時間はどのくらいだったか。さらには圃場の中の土壌が硬いか軟らかいか、タイヤの空回りが多いか少ないかなども。農家は作業をしていればその一部は覚えているんですが、面積が拡大して圃場が多くなると、頭から抜けていってしまう。そうしたデータを自動的に収集できたら、収量や品質の向上にとって面白いことが分かるようになると思います」

西脇の話からトラクターと作業機から得られるデータの可能性の大きさを理解してもらえたのではないだろうか。

都府県でロボット農機は使えるのか

ここまで、北海道の農業関係者がロボット農機に寄せる期待や熱気を紹介した。自動で直進する機能だけならすでに相当普及しており、その素地があるので、無人で走行するロボトラもいくつかの障害を乗り越えなくてはいけないものの、割とすんなり普及していく

フクハラファームの大区画に集積された農地。国内では優れた条件の農地ではあるものの、福原会長はロボトラを導入することは考えていない

だろう。対して都府県はどうか。ここでこう問いを設けるのは、北海道の広い畑で有効でも、ほかの比較的小さな畑ではどうかという疑問があるからである。

質問を投げかけた相手は滋賀県彦根市の有限会社フクハラファームの福原昭一会長。都府県で気になるのは農地が集積されていないうえ、一枚当たりが小さいこと。しかも一戸当たりの経営規模も北海道と比べれば総じてこぢんまりとしている。こうした状況でも、ロボトラは近いうちに普及するだろうか。

「しばらくは無理じゃないかな。なぜって、全国にあるすべての水田のうち区画整理の整備率は6割強しかない。区画整理していても、一枚当たりの面積は30アールとか40アールに過ぎない。こんな小さなところでほんまにロボット農機が使えるのか。1へクタールや2ヘクタールが経営体の大半を占めないと、投資効果が出てこない気がする」

フクハラファームの経営耕地面積は200ヘクタールで、農地の枚数は300枚。つまり一枚の面積の平均は70アール弱で、都府県の平均のざっと3倍である。これだけ大区画の農地がまとまっているにもかかわらず、ロボット農機の利用に懐疑的な目を向ける。価格のうえでも、ロボット農機は従来の農機と比べ約1・5倍する。

一方、既述したようにとくに北海道で広まっている自動操舵装置とGPSガイダンスシステムについては「早くから使いたいと思っていた」そうで、近いうちに試すという。「圃場が大区画化しているので、使える条件が整いつつある。水稲はもちろん、麦やキャベツにも使い回せるだろう。費用対効果は度外視して、とりあえず試してみたいという気持ちが強くある」

確かに都府県で大規模水田農業の経営者にロボット農機の実現性を聞いても、たいがい福原と同じ理由から懐疑的な答えが返ってくる。中小規模ならなおさらだ。省力化するのであれば、当面は福原が言うように、既存のトラクターに取り付ける自動操舵装置とGPSガイダンスシステムを試すのが現実的である（他の都府県でも少しずつGPSによる自動走行の例が出てきている）。

では、小区画だったり分散していたりする農地でロボット農機を走らせることはできないのか。イソバスが国内の農機で標準化されていけば、既存のトラクターでもロボット農機と同じような仕事をこなせるようになる可能性がある。そうなるとやがて専用のロボット農機は不要になっていくかもしれない。

といっても、効率と経済的な壁が立ちはだかる。自動操舵装置とGPSガイダンスシステムにしろ無人のロボットにしろ、農地が広く、まとまっているほうが効率よく農機を走らせることができる。データを活用するにしても、イソバス対応の農機や作業機は価格が通常より高い。たとえば可変施肥機は1台400万円前後するので、元を取るにはそれなりの作業面積も必要になる。

ただし現実をみれば、都府県の農地の平均的な面積は一枚当たり20アール強にすぎない。「スマート農業」を声高に叫ぶ前に国を挙げてやるべきことがある。それはもちろん農地の集積と拡大である。政府も全経営耕地面積の8割を、担い手と呼ばれる地域農業の中核的な経営体へ集積する目標を掲げている。アベノミクス3本の矢の一つ「日本再興戦略」が2023年までの目標として掲げる数字だ。とはいえ現時点での集積率は5割強にすぎない。

そこで気になるのは福原はどうやって農地の集積と拡大を実現したのか、ということ。この課題を克服しない限り、田植え機やコンバインを含めて自動化や無人化した大型農機の導入は見込めないからだ。そのヒントを探りにフクハラファームを訪ねた。

琵琶湖畔という条件下の農業

フクハラファームは国宝・彦根城から車で30分ほど南西に向かった琵琶湖の湖畔にある。事務所の駐車場で車から降りると、道を挟んで向かいの水田がネットに囲われていることに気づいた。約束の時間まで少し余裕があったので覗《のぞ》きにいくと、アイガモたちがちょうど除草の最中である。しばらく眺めてから、引き返そうとしたとき、道路の向こうの路地から緑色が印象的なトラクターが顔を覗かせた。世界最大の農機メーカーであるディア・アンド・カンパニーDeere & Company社のトラクター「ジョンディア」だ。

「最近入れたんだよね。この辺りだと畜産農家を除けば、土地利用型農家で使っているのはうちくらい。あれだけの馬力のトラクターは水稲中心の農家だとまず必要ない。ただ、うちは区画の大きな農地で乾田直播をするからね」

事務所の2階にある会長室で福原はこう語り出した。

フクハラファームは経営耕地面積200ヘクタールのうち190ヘクタールでコメを作っている。特徴的なのは琵琶湖に面しているという土地柄、化学農薬と化学肥料を極力減らすなど環境に配慮した農法に取り組んでいることだ。アイガモ農法もその一環である。

もう一つの特徴は単収の高さと経費の低さ。10アール当たりの平均収量は600キログラム以上、多い品種では700キログラム前後になる。一俵（60キログラム）当たりの生産費は9000円未満を達成している。組織法人経営の全国平均は約1万1900円（2018年産）で、これより約25パーセント以上少ない。

なぜこうした優れた数字を実現できるのか。最大の理由は農地の集積と区画の拡大を最優先に進めてきたからだ。

目指すは直播の拡大

本題である農地の集積と区画の拡大ができた背景や理由について述べていく前に、なぜそれを経営の優先課題に掲げてきたのか述べておきたい。答えは直播によるコストダウンだ。

「僕がやりたいのは代かきと移植をできるだけ減らす、いわゆる直播です。直播にこぎつけないと、大きなコストダウンにつながらない。農業を始めてからずっとここに向けて進んできたんです」

稲を育てるのに2種類の方法がある。ある程度の大きさまで苗を育てて（育苗という）、土を耕し水を張った田に移し替えるのと、直接田に種をまく（これを直播という）ものの二つである。前者はすでに健全に育った苗を植えるので雑草に負けずに育ちやすいという利点があるが、その分育苗や代かき（田に水を張って土を砕いてならす作業）の手間がかかる。直播はそれらの手間が要らないが、雑草に負けて作物が育ちにくい傾向にある。

農林水産省の「農業経営統計調査」で作付規模別の労働時間をみた場合、とくに育苗にかかる時間は面積が拡大するとむしろ増える傾向にある。コメの生産費のうち労働費は約26・6パーセント（2018年産、法人経営の場合）を占めるので、育苗や代かきの省力化はコスト削減には重要だ。

もう一つの違いは作業機のスピード。通常、ロータリーによる耕うんの時速は2キロメートル。田植え機による移植は3〜5キロメートル。これに対して畑作の耕うんに使うプラウやスタブルカルチでは6〜8キロメートル、播種機のドリルシーダーでは10〜13キロメートルにもなる。直播のドリルシーダーが移植よりもずっと作業が速いことが分かる。

直播ではほかに湛水《たんすい》直播もあるが、こちらは代かきを必要とするため乾田直播より作業時間がかかる。

だから福原が最優先するのは、最も省力化が図れる乾田直播である。とはいえ播種の直前に雨が降った場合には湛水直播に切り替える。加えて190ヘクタールのうち小区画の圃場も少なくない。そうした場所では直播をするのに適していないので移植を続けている。現状はざっと移植が130ヘクタール、残りは乾田直播と湛水直播。当面は半分を直播、もう半分を移植にすることを目標にしている。

規模拡大で立ちはだかった分散錯圃

では、どうやって農地を集積し、区画を広げてきたのか。話は30年前にさかのぼる。福原はもともと土地改良区（土地改良法に基づき土地改良事業を行う法人）の職員だった。そこを退職して、専業農家になったのは1989年。4ヘクタールからのスタートだった。

当初から目指したのは「コメ専業として県内一」になること。そのために意識的に実行してきたのが規模の拡大だ。とはいえ、集落内の条件の良い農地はすでに残されていない。そのため集落外の三角形だったり小さかったりする条件の悪い農地でも、依頼されればすべて引き受けてきた。

当時、地元の農協が事務局を務める稲枝《いなえ》受託者組合がすでにあった。名前の通り、その役割は農作業の委託の希望者、つまり地権者と受託の希望者をつなぐこと。福原もその組合員になった。おかげで地権者から受託する面積は段々と増えてきたものの、当然ながら集落外の農地ばかりである。結果、深刻になってきたのは農地の点在だ。

経済学に「規模の経済」という概念がある。生産の規模が拡大するとともに、製品一つ当たりの平均費用が下がることを指す。ただ、農業、とくに土地利用型の農業はこの概念が適合しにくいとされている。事実、一つの経営体当たりの稲の作付面積が10ヘクタールを超えると、コストダウンは頭打ちになることが多い。

根拠は主に二つある。一つは分散した圃場。つまり、先の福原の話にもあったように、日本では農地が点在しているから、作業のため農地から農地へと移動するのにかなりの時間を取られてしまう。結果、作業効率が悪くなり、生産費が下がらないというわけだ。

もう一つは大規模化するほどに、その分だけ農業機械を増やすことになり、生産費がなかなか下がらないことだ。下手をすれば、逆にコストアップの恐れもある。

仲間と始めた利用権の交換

現状に危機感を抱いていたのは、福原だけではない。同じく後発組として専業農家になった人たちがいて、彼らは共通して同じ悩みを抱えていた。そこで、まず手掛けたのは後発組同士で地権者から農地を借りている利用権の交換に着手すること。地権者に農業や個々の経営の情勢を伝え、理解してもらい、少しずつ進めていったのだ。

さらにこの動きを広げるため、稲枝受託者組合内に農地委員会を設置した。この組織で一括して地権者からの委託の相談を受け付け、委託者への配分を協議することにした。

特筆したいのは、専任の会員が受託者の農地を定期的に巡回して、管理の状態を把握し、必要に応じて指導する役割を担ったことだ。たとえば雑草が生えていて見栄えが悪ければ、草刈りをするよう助言するといったことである。福原いわく「誰が見てもそこそこの田んぼになっている」ように、会員全体の資質の底上げを図っていった。これにより地権者からの信頼が高まり、地域を挙げて農地が面的にまとまってきたのだ。

区画の拡大こそコストダウン

福原は仲間たちと農地の集積を図る一方、個人として区画の拡大に注力した。

「コストダウンには農地を集積するだけでは駄目だと思っているんです。一枚当たりを大きくしないといけない。1ヘクタール、できれば2ヘクタールにしたい。30アールで喜んでいるようでは始まらない。それは単に低コスト化のためだけではなく、収量の安定にもつながる。水口の近くは冷たい水が入るから生育が遅れ気味になったり、一枚の田の中でも生育むらは生じてきたりする。大きな区画にすれば、全体からしてその割合が少なくなり、結果的に収量も良くなると確信しているんです」

一枚の農地を大きくする手段として農地と農地を区切っている畦《あぜ》を取っ払う合筆《がっぴつ》がある。ただ、それぞれの農地の地権者は異なるケースがあり、全国的には畦を取ることに否定的な地権者も少なくない。この点について福原は「この地域は恵まれている」と言う。なぜなら合筆するにも地権者の大きな抵抗がほとんどないそうで、話せば理解が得られるそうだ。だから福原は地権者には感謝している。「今まで合筆を断られたのは1、2件だけ」とのこと。じつは畦を取って一枚の面積を大きくすることは全国のほかの地域でも取り組まれている。農地の面的な拡大には欠かせない条件であることが分かる。

大事なのは地権者との信頼関係

以上、フクハラファームにおける農地の集積と区画の拡大についておおまかな流れを追ってきた。ただ、肝心なところが残っている。福原はなぜそれに成功したのか、その鍵は何だったのかということだ。

「やはり地権者から信頼されること、それに尽きる。そのためにはコメ作りを実直にやること、これ以外にない」

「実直にやること」は「誰が見てもそこそこの田んぼになっている」ということだけではない。たとえば地域の環境にも及んでいる。琵琶湖に配慮した環境保全型農業がそうだ。先ほどアイガモ農法について触れたように、フクハラファームは減農薬・減化学肥料、一部では有機栽培を実践している。滋賀県は化学農薬・化学肥料を県が設ける使用基準の半分以下にするなどして栽培したコメや野菜、果物を「環境こだわり農産物」として認証している。フクハラファームは経営する200ヘクタールのうち3割でこの認証を受けている。

フクハラファームがいかにこの取り組みを大事にしているかは、乾田直播のやり方にも表れている。乾田直播を実践する場合、全国的には除草剤を3~4回まくのが当たり前。対してフクハラファームは1回にする。

化学肥料も減らすため、栽培した後に土にすき込んで肥料とするマメ科のヘアリーベッチをまいている。その播種や裁断、すき込みなどに時間がかかるので、コストは増す。それでも地域の環境に配慮した営農に実直に取り組むことが大事だと考えているのだ。

乾田直播にこだわる大きな理由の一つには「濁水《だくすい》を出さない」こともある。「滋賀県といえば、誰もが『琵琶湖』のイメージをもつが、この琵琶湖が田んぼに水が入りかける時期になると大変なことになる。代かきが始まり、田んぼの濁水が一気に河川を通じて流入し、湖辺は茶色く濁った水で覆われる。直播に取り組んでいるのは、このことを少しでも回避する意味もある」と福原は言う。

以上の話を振り返ると、農地の集積と区画の拡大を進めるうえで大事だったのは、地域の農業を存続させることに強い思いをもつ経営者たちの存在であり、そのために彼らが主体的に動いてきたことだ。いずれも強制や指図されてではない。実直な意思と行動で地権者の信頼を得ながら、今の稲枝地区の足腰の確かな大規模水田農業をつくってきている。

福原はそうした経験を踏まえて、農地の集積と区画の拡大に向けてこう提言する。

「大事なのは人や地域がどう動くか。国はその優良な事例を吸い上げて、知らせるべきではないでしょうか。また、そうした自主的な取り組みが加速するよう、助成金をつければ普及するんだと思いますね。助成金といっても、生産者よりは地権者を対象にするほうがいい気がする。我々は区画を拡大できることが一番のメリットですから、地権者が前向きに利用権設定ができる仕組みをつくってもらえれば十分じゃないでしょうか」

政府はスマート農業の普及を声高に叫ぶ前に、まずは農地に関する地域農業の担い手の声に耳を傾けるべきである。小さな農地が点在しているという日本の農地の問題を解決しないことにはロボット農機の効果は限定的に過ぎない。フクハラファームの取り組みは農業がデータを利用して進化するうえで避けて通れない課題を投げかけている。

狭い農地にもロボットが

さて、ここまで読まれた方はいささかすっきりしない気持ちでいるかもしれない。大型のロボット農機は北海道を除いて普及するのはしばらく難しいからだ。では、ロボット農機の活躍が北海道だけに限られるかといえば決してそんなことはない。

第4章で、野菜、果樹、花き、穀類などでいろいろなタイプのロボットが開発されている、と述べた。そこでは、人の後について収穫物を載せて移動する「運搬ロボット」のことにも触れた。

その運搬ロボットの開発について述べていこう。

大阪の中西金属工業株式会社と慶應義塾大学大学院メディアデザイン研究科が開発しているのが、収穫物を運搬する小型ロボットの「アグビー agbee」である。専用のアプリケーションでGPSを使って走行経路を指定すると、アグビーはその経路通りに走行する。

アグビーは備えつけられたセンサーで人との距離を測りながら走行できる。つまり人の後をついていくことができる。その距離感が大事で、離れすぎれば作業に差し障る。くっつきすぎれば邪魔になる。アグビーは常にほどほどの距離を保ちながらついてきてくれる。障害物があれば停止する。これで収穫した畝の箇所ごとの収量を把握できるようになった。ただ、傾斜地の上下移動はできるが、残念ながら等高線に沿っての移動は今のところできない。アグビーは2020年度中に販売される予定である。

同じく収穫物を運搬するロボットに銀座農園株式会社がサービスを提供する「ファーボット FARBOT」がある。箱型のロボットで、やはり人の後を賢くついてくる。100キログラムまでのものを運べ、農場を走りながら特殊なカメラでイチゴやトマトの数を数えたり、病気を発見したり、はたまた葉色などの生育データから、収量を予測できる優れものである。センサーが備わっているので、温度や湿度などの環境データも計測することができる。登録した地点に自動で戻る機能も付いている。面白いのは、アマゾン・ドット・コムAmazon.comが開発したＡＩアシスタント「アレクサAlexa」を搭載していることだ。話しかければ、天気や時間を教えてくれ、好みの曲をかけてくれる。農家には孤独な作業が多いので、この遊び心は貴重である。

例として二つだけ日本の狭い土地に合わせたロボットの開発について触れたが、今度は世界に目を向けてみよう。

岩見沢市に海外からの視察が続いているように、普及先はいくらでもある。国内大手の農機メーカーの大型農機の売り上げはすでに国内よりも海外のほうが大きくなってきていることからも、海外に広がっていく機会は十分にある。それは何も現地の農業法人に使ってもらうだけではない。日本の農業法人が海外に進出する際にも後押しになるはずだ。

たとえば北海道大学は過去にロボトラをオーストラリアに輸送し、日本にいながら現地での稲作に使う実験をしたことがある。内容は次のようなものだ。稲の葉色から地力を把握するセンサーを装着したロボトラを田で走らせる。センサーで収集したデータはクラウドに飛ばして、ＡＩで必要な施肥量を瞬時に決定。オーストラリアの田を走っているロボトラにそのデータを送信する。するとロボトラが牽引する可変施肥機から地力のむらに応じて適量の肥料をまいていく。驚くことに、一連のことは瞬時にできてしまう。しかも日本にいながらにして映像を通じてロボトラの動きを監視し、制御することが可能になることは、岩見沢市での実験で触れた通りだ。

このように日本人が海外で農業生産をすることは「メイド・バイ・ジャパニーズ」と呼ばれている。こうした動きを加速させるにはデータとそれを収集する役割ももつロボットの存在は無視できない。その理由については第6章で解き明かしていきたい。

第6章　ガラパゴス品種が世界で強みを発揮する

武器はデータとガラパゴス品種

国内における飲食料の市場規模は人口減と高齢化の進展で「減少する見込み」にある（農林水産政策研究所「世界の飲食料市場規模の推計」２０１９年３月）。食料支出の総額は指数で２０１０年を１００とした場合に２０３０年には97になるとも農林水産政策研究所は予測している。

対して世界的には人口の増加と食生活の変化により食料の需要は「増加する見込み」だ。何度か触れたように、海外における飲食料の市場規模は２０１５年に８９０兆円だったのが２０３０年には１３６０兆円と１・５倍になると予測されている。地域別にみると、著しい成長が見込まれるのは１人当たりＧＤＰの伸びが大きいアジアで、同期間中に４２０兆円から８００兆円と１・９倍に拡大する。こうした動きを背景に食産業に関しては日本よりも世界のほうが、有力な投資案件が増えていくのは確実である。

ただ、新型コロナウイルスは世界の外食産業に暗い影を落としており、その影響が長期化すれば、現在見積もられている１３６０兆円という数字にも狂いが出てくることは必至である。

とはいえ、いずれにせよ以上を踏まえれば、農業関係者が海外に目を向けるのは当然の成り行きである。となると多くの人は輸出の促進を思い浮かべるだろうが、その実態は政府が公表する金額ほどには伸びていないし、当面は大きくは変わらないと筆者は考えている。むしろ推し進めるべきはフード・バリュー・チェーンを意識した現地での生産やその支援だ。その際、武器となるのは何か。

「データとガラパゴス品種ですね」。こう主張するのは、本書の「はじめに」でも登場した中村商事社長の中村淑浩。ハウスや関連資材を販売するほか、国内外の農家や企業に営農の指導もするなど、日本では珍しい民間の農業コンサルタントでもある。中村の主張の真意について述べる前に、まずは中村商事として海外でどんな事業を展開しているかみていこう。

ロシアに誕生する巨大ハウスを手掛けるコンサルタント

「丸紅とJFEエンジ　イチゴ工場を100億円で受注　ロシアの需要に対応」

２０１９年12月16日付の「日本経済新聞」電子版にこんな見出しの記事が載った。記事によると、丸紅とJFEエンジニアリングがモスクワ州エレクトロスタリ市の産業団地に巨大なハウスを作り、日本で生まれた種のイチゴを栽培する。まずは２０２２年後半までに計30ヘクタール分のハウスを建設し、4品種を作り始める。このハウスがすべて完成すれば、年間の生産量は2400トンに及ぶ。ロシアはイチゴの年間消費量が25万トンで、16万トンある日本よりも大きな市場である。ロシア産のイチゴは日本産と異なり小粒で酸っぱい。日本産のような大粒で甘いイチゴはモロッコなどから輸入しているものの、平均で1パック800円程度もする。そこで今回の事業では差別化を図るため、「平均で1パック800円以下に価格を抑えていきたい」「高品質のものは富裕層向けに高値で売っていきたい」という「丸紅関係者」の声を伝えている。

この記事では触れていないが、現地での生産を支援するのは誰なのか。丸紅にしろJFEエンジニアリングにしろ、環境制御型のハウスを運営するノウハウをもっていないだろう。もう一つ気になるのは種苗だ。イチゴの場合、日本で育種を担っているのは、ほとんどが都道府県である。都道府県の農業試験場が品種を開発するのはそれぞれの地域の農家のため、つまり農家がその品種を生産し、販売して、よりよい生活を送ってもらうためである。それぞれ都道府県の負担でもって育種した以上、品種の権利である育成者権の利用(生産、譲渡、輸出入など)を第三者に許諾したり譲渡したりすることはまずもってありえない。そこでこの四つのイチゴの種苗の権利は誰が保有しているのかという疑問が湧いてくる。もったいぶった言い方になってしまったが、答えはご想像の通り中村商事である。

中村商事は今回の事業をコンサルティングし、ハウスの設計や運営の支援だけではなく、イチゴの種苗の調達も手掛ける。その種苗は自社で育種したものの中から、現地の気温や日射量といった環境を踏まえて選んだものである。ロシアでの品種登録の申請はすでにすませている。万一、イチゴを生産する企業が第三者に種苗を譲渡するなどの育成者権を侵害するような事態が起きれば、中村商事はロシア政府の関係機関に訴えることができる。

ハウスは現地の法人が経営し、現地の人材を雇用する。計画では、2020年のうちに中村商事で半年間にわたってハウスを管理する技術者を養成する。主に栽培技術に関する研修を行った後、2021年初頭から現地での生産に取りかかる。中村によると、栽培面積は初年度は10ヘクタールで、30ヘクタールまで順次拡大していくという。

タイの最大手エネルギー会社やビール会社も支援

中村商事がコンサルタントとして海外での施設園芸に関する大型事業を支援するのは今回が初めてではない。たとえばタイではエネルギー最大手のタイ石油公社（PTT）からの依頼で、中部にあるラヨーン県の沿岸部の60アールのハウスに中村商事が育種したイチ

中村商事がコンサルティングするタイのイチゴのハウス。センサーで環境のデータを取っているので、日本にいながら現地の情報を把握できる

ゴの品種を提供し、栽培を指導している。60アールというとそれほど大きくはないと思われるかもしれないが、この話には続きがある。構想では同じ規模のハウスを13棟建てることになっている。ざっと8ヘクタールだ。日本でこれだけの規模のハウスは私が知る限りでは数えるほどしかない。

施設園芸に詳しい人なら、ラヨーン県の沿岸部のような年間通して高温の場所で果たしてイチゴを作れるのか、といぶかるだろう。なにしろイチゴは冷涼な環境を好む。それとは異なる環境で安定的に作り続けようとすれば、ハウスの冷房代はかさんでいく。中村もコンサルティングの依頼を受けたときには同じ不安を抱いた。ただ、そこはエネルギー最

中村商事が支援するタイにおけるエネルギー最大手PTTのイチゴのハウス。定期的に現地で指導する。

大手の国営企業。ちょっとした特別待遇があった。液化天然ガスのプラント（工場施設）を建設する計画があり、その一環でプラントの周囲にハウスを建てていく。液体で貯《た》められた状態の液化天然ガスに海水をかけて気化させる際、副産物として大量の冷水があふれ出てくる。その冷水を無料で利用できるわけなのだ。これを空調機に使い、ハウス内を冷やす。現在はとりあえず60アールで周年生産を実現し、高級デパートで販売している。

この実績を聞きつけた同国内の企業から、コンサルタントとしての依頼がいくつか舞い込んだのだ。というのもタイ石油公社のハウスの様子がYouTubeで公開され、その功労者として中村の名前がタイ経済界に知れ渡るようになったためである。

複数あった依頼のうち協力を確約したのは、大手財閥のブンロート・ブリュワリーとの事業。いわずと知れた「シンハービール」を製造する同国最大のビールメーカーである。同社はビールだけではなくほかの食品の製造や流通、外食といった事業を展開するほか、不動産開発も手掛けている。その一環で運営するのがミャンマー、ラオスと国境を接する北部のチェンライにある広大な公園「シンハー・パーク」である。どのくらい広いかといえば、東京ドームがざっと270個入る12・8平方キロメートル。この広大な公園では茶摘みや山岳民族の衣装着用などを体験でき、来園者は年間100万人になる。そこで目下、大規模な観光農園用のハウスを建設する話が持ち上がっている。そこでの生産に関するコンサルタントとして中村商事に声がかかったのだ。作るのは日本生まれのイチゴ。計画では2020年9月に建設を開始し現地で育てた苗を2021年3月に植え始める。

ところで多くの企業がなぜ中村商事にコンサルティングを依頼するのだろうか。もちろん施設園芸の運用に長けているのは間違いない。ただ、その点なら日本だけではなく世界にも優れたコンサルタントはたくさんいる。なかでもオランダの技術は世界中に普及している。中村も初めて同国を訪れた際、その組織力に驚嘆したという。

「民間のコンサルタントを訪ねたんだけど、顧客となっているトマト農家が300戸いました。彼らはパソコンでつながっていて、常に情報を交換しながら、互いに経営力を高めあうことをしている。たとえばいずれの農家でも収量が上がらないなか、ある農家だけがいつも通りだったとします。コンサルタントはその農家からなぜ通常の収量を上げられたのかを聞き、ほかの顧客全員に教える。すると、極端な話だと翌年からほかの農家の収量がビタッとそろってくるから、すごいと思いましたよ」

オランダにおける民間のコンサルタントは、世界中を飛び回り、各地で営農を指導している。日本だけでも今は常に6人は張り付いているという。コンサルタントの人数はとにかく多くてその能力は高い。「僕くらいの環境制御の技術をもっているのは掃いて捨てるほどいます」とのこと。では、その語調がさみしげかといえば、決してそんなことはない。オランダに勝てる余地がないかと聞くと、「そんなことはない」と言う。では、世界の市場における日本の強み、海外進出にあたって武器となるのは何だろうかと尋ねると、本章の冒頭に紹介した言葉が返ってきた。つまり「データとガラパゴス品種」である。

日本で独自に発達を遂げた品種

中村が言う「ガラパゴス品種」とは日本で独自に発達を遂げてきた品種のこと。その独自性が生まれる背景には、消費者の嗜好《しこう》をはじめとして気候や風土などさまざまな要因がある。たとえば先に取り上げたロシアで栽培するイチゴやタイで栽培したイチゴもそうだ。イチゴといえば世界的には硬くて酸味が強いのが特徴。対して日本は柔らかくて甘い。その日本固有のイチゴが世界で評価されていることは、たとえば輸出額の推移をみれば分かる。2015年に8・5億円だったのが16年は11・5億円、17年は18億円になっている。

「この島国で独自の進化を遂げた農産物は、ほかにもブドウやリンゴなどたくさんあります。世界にもっていけば、『これはなんだ。こんなの食べたことない』と評価してくれる声が多いんですよね。（世界で評価されていることを）農家は知らないけど、海外では垂涎《すいぜん》の的なんです」

日本ブランドの輸出を促進するため、政府は2019年の農林水産物・食品の輸出額の目標として1兆円を掲げている。2019年には9000億円を超える実績を上げた。ただ、その数字が実態を反映していない疑いがあることは、一部のメディアが報じている。品目別の輸出額のうち全体の1割弱を占める「その他の調製品」について実態が不明だったり、輸入農産物を加工して輸出した分も多く含まれていたりすることが明るみに出た。

輸出よりはむしろ中村商事のように海外で生産して、あるいは生産を支援して、その国の需要をまかなったり周辺諸国に輸出したりするほうがずっと現実的であり、世界の食産業に貢献できるのではないか。いわゆる「メイド・バイ・ジャパニーズ」だ。なぜメイド・バイ・ジャパニーズが重要なのか。それは日本から輸出する場合のデメリットを考えると分かりやすい。関税や補助金などの貿易障壁があるほか、輸送に時間と費用がかかる。また一部の国の人件費は日本よりずっと安い。経営者である日本の農家たちにとってみれば、国内で営農するよりもやりやすい国・地域は少なくないだろう。

では、「ガラパゴス品種」の生産を安定させるものとは何かといえば、それこそ「データ」なのだ。こう主張する理由を理解してもらうためには、中村商事の事業のうちコンサルティングについての概要を現場から伝えると分かりやすいはずだ。その様子をちょっと覗いてみよう。

遠隔地からデータを見ながらコンサルティング

埼玉県春日部市の住宅地の一角に真新しいハウスが建っている。中村商事が経営するイチゴの観光農園・ヒロファームだ。イチゴの一般的なハウスと大きく異なるのは、ハウスの軒高が通常2～3メートルのところ5メートルと高いことに加えて、ハウス内の環境のデータを細かく取っていることである。隣接する飲食所と休憩所を兼ねた広いスペースでは、室温や二酸化炭素などの時系列のデータがグラフで画面に表示されている。通常のハウスと異なり、データを見ながらボイラーの稼働や遮光カーテンの開閉などを行い、複合的に環境が制御できるようになっている。ただ、このタイプのハウスは国内でも最近になって散見されるようになっている。むしろ興味をひかれたのは別の画面。そこには、ほかの農業法人が運用するハウスの環境のデータが映し出されていた。

「ここや事務所のパソコン、スマートフォンなどでデータを見ながら、読み解き、必要に応じて遠隔地の農家にアドバイスするんです」。中村はこう説明した。

データを読み解く――。これは簡単ではない。たとえばイチゴを高値のクリスマスの時期に出荷するとする。そのためにはハウスの温度管理が大事になる。温度が高ければ生育は早まるものの味を左右する甘味が十分に蓄積されなくなる。逆に低ければ味は乗ってくるかもしれないが、生育が遅れて予定していた出荷の時期に間に合わなくなる恐れが生じる。しかもみるべき環境は温度や日射量など複数あるうえ、同じ作物であっても品種ごと

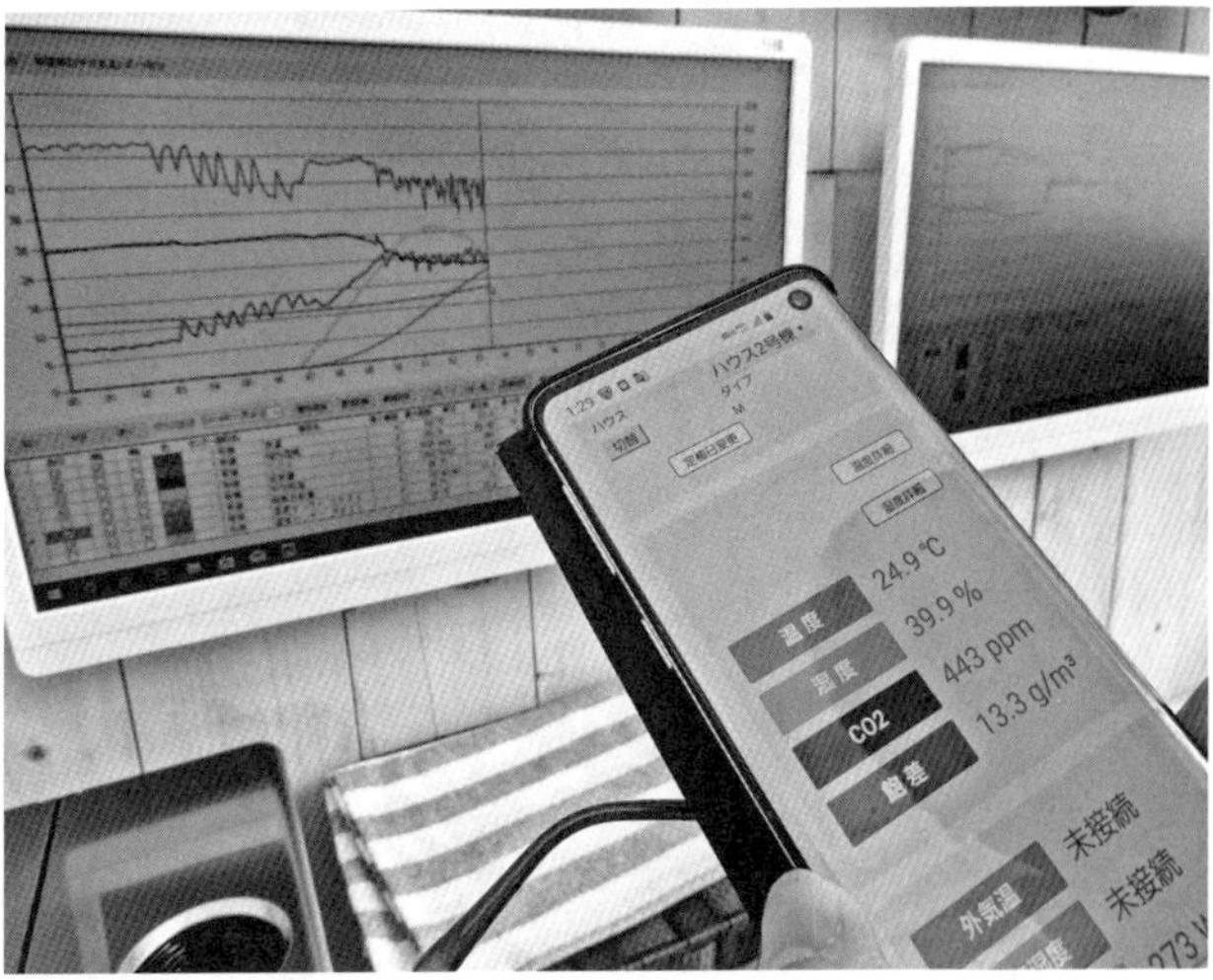

中村商事では顧客のハウスの環境データが世界中どこにいてもスマホで確認できる。データから異変を察知したら、LINE通話やメールで助言する

に管理の方法は微妙に異なる。

さらに中村商事が海外で提携する企業は、日本のイチゴを作ったことがない。だからこそ本格的に栽培する前に中村商事で研修を受け、データの読み方も学ぶ。とはいえ植物科学の知識やハウスの環境制御の技能については一朝一夕で身に付くものではない。だから中村は顧客のハウスのデータに日々目を配り、何か異常があれば、ＬＩＮＥのビデオ通話やメールなどで指摘と助言をする。とくにロシアやタイで栽培するイチゴは中村商事が育種した品種である。当然ながら自らのハウスで何度も試作を重ねてきているので、データに基づく栽培法を熟知してい

るわけだ。

作物の力を引き出すには何をおいても適地適作よりほかはない。中村は海外に出張した折には、その土地の気候にはどんな特性のイチゴが合うかに思いをめぐらす。国内の品種にも常にアンテナを張っている。育成者権が切れていたり、許諾料を支払えば海外でも利用できたりする品種があるかどうか、入念に調べている。同時に自社での育種も進めており、一部についてはオランダでも品種の登録を申請している。同国の育苗会社に委託して苗を生産してもらい、ロシアの大型ハウスで利用するのである。その育苗会社が日本のイチゴに可能性を感じたことから、オランダばかりかその周辺国でも生産して販売する計画が持ち上がっている。

以上、メイド・バイ・ジャパニーズにおいて「データとガラパゴス品種」が武器になることは理解してもらえたのではないだろうか。中村商事が海外で扱っているのは、今のところイチゴと胡蝶蘭《こちょうらん》。ほかの農産物でも「ガラパゴス品種」は数多くある。「日本には優れた品種がいくらでもあるんだから、日本農業の知財をパッケージにして輸出する機会はたぶんに残されていますよ」。中村のこの言葉に多くの農業関係者は耳を傾けてほしいと思う。

海外へ向かうICTベンダー

いわゆるスマート農業という言葉がしきりに取り沙汰されるようになるのと前後して、数多くのICTベンダーが誕生した。彼らもまた海外に活路を見出すべきである。海を越える企業はぽつぽつと出ているものの、私が知る限りではいまだにその数は少ないようだ。

そんなさみしい状況の中で大学生ながら起業し、インドに進出している人物がいる。2018年に誕生したSAgri株式会社（以下、サグリ）の坪井俊輔社長だ。取材した2019年12月時点では横浜国立大学の3年生の25歳。もともと宇宙や機械に関心があったことから、大学では圃場や不整地を走行する車両を研究の対象とするテラメカニクスを学びながら、宇宙に関する教育の企画・開発などを手掛ける株式会社うちゅうを起業した。そこから派生して誕生させたのがサグリだ。

日本のスタートアップ（新規事業立ち上げ）経営者としては若年ながら、日本アントレプレナー大賞など数々の賞を受賞したほか、2019年には国際的な大学生起業家アワード「GSEA」の日本大会で優勝した。

サグリが国内で提供するのは、農地ごとにデータを一元的に管理するアプリケーションを使ったサービス、その名も「Sagri」。利用する農家はアプリケーションをインストール

図6　サグリが目指す農業

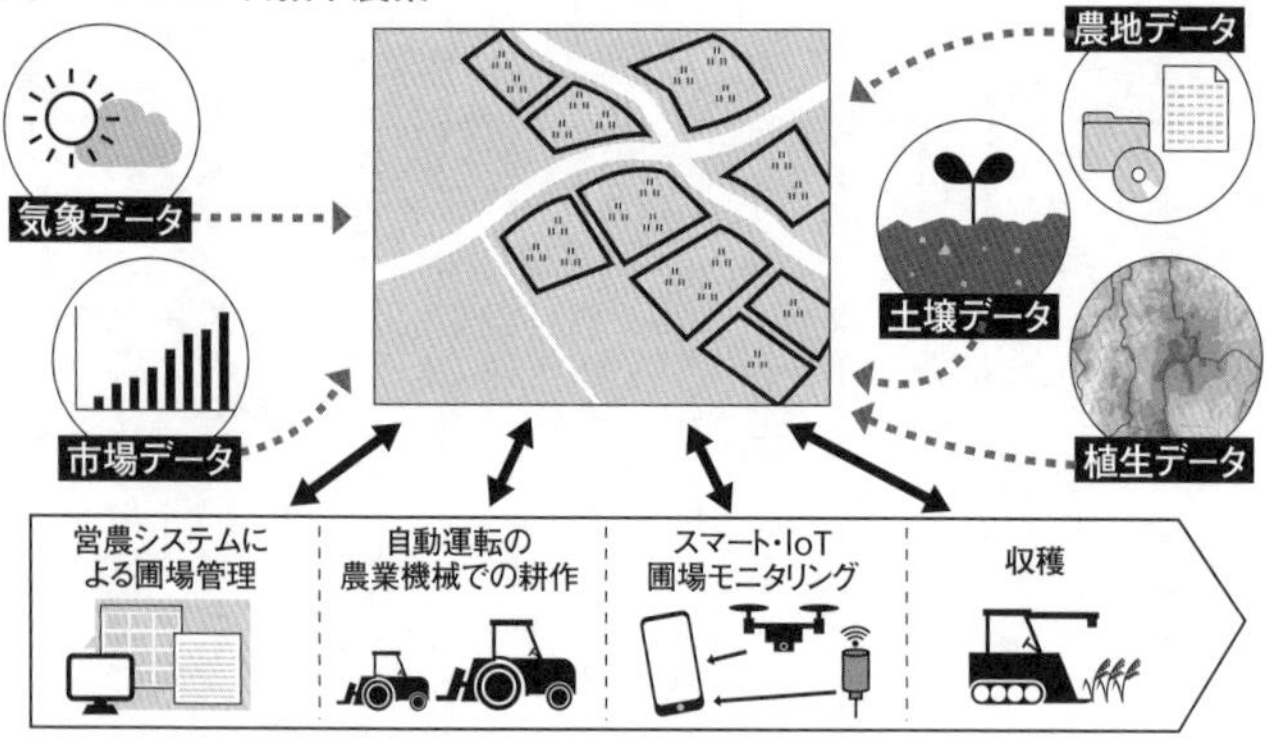

多様なデータを集積・分析し、スマート農業機器・システム、ドローンと連動させる。さらに金融・物流業にも活用する。

し、グーグルマップで自分の農地を色分けして登録する。登録した農地から、第1章で紹介した農業の生産に関する三つのデータ、つまり環境と管理、生体に関するデータを取り込む。これまで紙で管理してきたこうしたデータをデジタル化し、一元的に管理できるのが特徴だ。

とはいえアプリケーションを使って、こうしたサービスを提供するICTベンダーは少なくない。「Sagri」が他社製品と異なるのは土壌の肥沃度を可視化する点にある。そのために利用するのは衛星データ。欧州の地球観測衛星「センチネル」が5日ごとに更新して無料で公開する観測画像から、土壌の肥沃度を示す腐植（土壌中の動植物の遺骸が分解された物質の総称）の含有量と植物の生長度を示す「植生指標」を算出する。これに田畑の土壌を採取して分析したデータを照らし合わせることで、高精度に肥沃度をつかめるようになる。農家にはこのデータを踏まえて肥培管理に役立ててもらう。サグリはこうしたサービスを兵庫県丹波市を拠点に提供している。

インドの農協と金融機関と連携して小口融資を促進

このサービスで注目したいのは個々の農地の評価につながる点である。衛星データと土壌分析のデータからその農地の肥沃度のほか、作物がどの程度育っているかも可視化できる。サグリは日本ではなくインドでこのデータを金融機関に提供し、小口の融資を受けたい農家の信用力を裏付ける事業に乗り出した。

場所は南部にある人口1000万人の巨大都市ベンガルール（旧バンガロール）。ここでサグリは2019年9月、現地法人サグリ・ベンガルール・プライベートトリミテッドSagri Bengaluru Private Limitedを立ち上げた。同地にはGAFAをはじめとする世界的なIT企業が研究開発拠点を置き、スタートアップのエコシステム（体系）が生まれている。この動きに乗じるべく日本政府はインド政府とスタートアップを育てるプラットフォーム「日印スタートアップ・ハブ」を設立している。サグリの現地法人はその支援を受けた初の日系スタートアップである。

農家に融資をするのは地元の金融機関。サグリは現地の農協と連携して、融資を受けたい農家を募集。衛星と土壌分析で得たその農家のデータを「Sagri」で一元的に管理し、個々の農地の収穫量がどの程度になりそうかを随時予測していく。金融機関はその予測を踏まえて農家の返済能力の有無を判断。「有」と判断したら融資する仕組みだ。金融機関が受け取る金利は14~18パーセント。このうち2パーセントがサグリに入ってくる。それにしても創業2年目にしてなぜ海外に進出したのか。坪井はその理由を次のように述べる。

「世界ではお金を借りたくても借りられない農家が75パーセントにもなります。なぜ借りられないかといえば、理由の一つは信用を裏付けるデータがないこと。あっても紙で保存しているくらいで、金融機関にとってはなかなか融資する判断材料とはなりにくいんです」

この事情はインドでも変わらない。同国の労働力人口は5億人で、このうち農業従事者はじつに半数を超える。農村の重要課題は貧困だ。4人に1人が貧困層で、借金が返済できなかったり病気になったりしたことを理由に毎日30人以上の農業関係者が自殺するという。一方で食料生産を上げていかなければいけない事情もある。インドの人口は急激に伸びて13億人を超え、国連によれば10年以内にトップの中国を抜き、2030年には15億人になる予想だ。以上の問題を解決するには農家が自らの経営能力を向上させることが欠かせない。とはいえ多くの農家は手持ち資金が少なく、農薬や肥料などの資材を十分に購入するのも難しい。融資を受けたくても信用に関するデータがないという。

もう一つ付け加えておきたいのは、若い坪井にとって海外の農家を支援するのは、自らの創業した思いと密接な関係がある。大学に入学してからアフリカのルワンダやインド、スリランカで子どもの教育を支援する事業に携わってきた。いずれの国でも子どもは家計を助ける労働力と見られがちで、中学校にすら満足に通えない子どもも少なくない。農業で生計を立てられるようになれば、そうした子どもが少しでも減らせるのではないか。そのような思いが彼を海外に向かわせている。

サグリのサービスはインドネシアやタイからも誘致の声がかかっている。今、シンガポールに東アジアのハブとなる拠点を置き、各国にサービスを展開することを計画している。

データの連携と標準化

日本の企業がデータを武器に世界に進出するにあたって無視できないことがある。データの連携と標準化だ。第1章でも述べた通り、ＩＣＴベンダー各社のシステムには相互連

インドの農家の人と話すサグリのメンバー（右二人）。同国ではデータを活用して農家向けの小口の融資をする仕組みをつくる

携がほとんどない。企業によってデータの形式が異なり、それらがばらばらに存在しているような状況にあるのだ。たとえば表記一つとっても「田植え」を意味する言葉の場合、「田植え」「田植」「移植」などメーカーごとに異なっている。このため利用者にとってみれば、別々のメーカーのセンサーで収集したデータを同じシステムで管理できない。結果、データの収集や分析に時間も手間もかかる。

この悩みを解消することを目指すのが、農研機構が２０１９年に商用目的で運用を始めた農業データ連携基盤、通称ワグリだ。会員となる民間企業や官公庁などがもっている気象や土壌、農地、市況など営農に関するあらゆるデータを整備し、データに互換性をもたせる。そのために農研機構と大学共同利用機関法人情報・システム研究機構の国立情報学研究所はデータの形式の標準化を図り、まずは農作業と作物の名称について整理した内容を「共通農業語彙CAVOC」としてワグリのサイトなどで公開している。農機メーカーやICTベンダーなどがこの標準化された言語を採用すれば、ワグリに互換性のあるデータが蓄積されていき、農家らに役立つサービスを提供できるようになる。ただし、この標準化は国内に向けたものだ。農機メーカーやICTベンダーが世界に進出することを目指すならもう一つの動きにも注目したほうがいい。

それは同じような目的をもち、国際的な標準化を目指す組織として2005年に米国で誕生したアグゲートウェイ AgGateway だ。アグゲートウェイが会員とするのは農機や農薬、肥料などのメーカーに加え、物流やソフトウェア、プロバイダー関連の民間企業など。欧州やラテンアメリカ、ニュージーランド、オーストラリアなどでも地域支部的な組織が発足し、世界で200社以上が会員となっている。

そしてようやく2018年10月、日本の研究者らが中心となってアグゲートウェイ・アジア AgGateway Asia を設立した。とはいえ当時すでにワグリが試行的に始動していた。

それなのにアグゲートウェイ・アジアを設立したのは、日本の農業データの孤立化を避け、国際標準化に対応することが狙いだった。

すでに触れた通り、トラクターと作業機の接続互換性を高めるため欧米を中心に広がっている世界標準としてイソバス ISOBUSがある。アグゲートウェイは対象のシステムに世界標準があれば取り入れるし、なければ自らつくっていくつもりでいる。いってみればデータの世界標準化は通行手形である。もちろんイソバスとも連携できる。対してワグリは今のところあくまでも国内標準なので、連携はできない。

国際的な通行手形を広められなかったということで、日本農業にとってやや苦い思い出となったのは、農場が取得するギャップ GAP（Good Agricultural Practice：農業生産工程管理）認証だ。これは農薬取締法や肥料取締法など既存の関係法令に則って継続的に作業をしたり記録や点検をしたりしながら、それが基準となる生産工程に沿っているかを第三者機関に認証してもらう制度。農場にとってはそれを取得することで、取引先に農産物を安心して買ってもらえるＢｔｏＢ（企業間取引）のツールとなる。

ギャップの世界標準であるグローバルギャップが欧州で誕生したのは１９９７年。当時、大手の小売業者は農家に対して、農薬の使用基準など農産物の作り方について個別の条件を求めていた。肥料や農薬に限らず環境への配慮や労働安全衛生の改善も含めてだ。これは農家側からすれば厄介だ。なぜなら出荷先ごとに農地を分け、栽培の方法も変えなければいけないからだ。一方、小売業者側にとっても世界各国の契約農家に自分たちの要求を伝え、守られているか現地に赴いて確認するのは時間も経費もかかる。そこで農産物を生産する工程の管理に関して、小売業界が共通の規範を作ったのがグローバルギャップ（当初はユーレップギャップ）だった。

グローバルギャップは世界に広がり、国内外の農産物取引のデファクトスタンダード（事実上の標準）となっている。日本でもギャップは普及してきた。ただ、残念ながらそれはグローバルギャップではなく、日本で独自に作り変えたギャップだった。しかも自治体やJA、民間団体が個別にギャップを策定し、農家にその取得を求めていった。世界は生産工程管理のルールを収斂《しゅうれん》する方向に向かってグローバルギャップに行きついたのに、日本は逆にルールを乱立させる状態に陥ってしまった。このため日本ではグローバルギャップ認証の取得者は極端に少ない一方で、農家がさまざまある日本製ギャップの中から取引先の要望に応じて適宜に採用しているような状態になっている。

グローバルギャップ認証の取得数が少ないことは日本の農産物輸出が低調であることとも関係している。東京五輪・パラリンピックの選手村で国産食材が提供できないと一時騒がれた理由もここにある。政府は輸出拡大を目標にしてからしばらくして、ようやくグローバルギャップの普及に力を入れているところだ。はなからグローバルギャップを普及しておけば良かったのに、と思う農業関係者は少なくない。

日本の農業関係者がアグゲートウェイ・アジアを設立した理由にはギャップをめぐる苦い経験もあるような印象を受ける。加えて世界標準に日本の意見を反映してもらうことを狙いにしている。アグゲートウェイによる標準化の作業はまだ終わっていないのだ。アグゲートウェイ・アジアの設立イベントで、メンバーである東京大学大学院農学生命科学研究科の二宮正士特任教授は「とくにアジアのモンスーン地域での水稲作などについてはアグゲートウェイによる標準化の作業は手つかずの状態です。（アグゲートウェイ・アジアとして）アグゲートウェイに参加することで、その標準化のために我々の意見を反映させたいと考えている」と語った。

ただ、残念ながらアグゲートウェイ・アジアの日本の会員は4社・組織に過ぎない（2020年4月時点）。会員数が少ないことは世界を目指す企業が少ない表れともいえる。ICT

ベンダーには今一度国内の市場を向いているだけでいいのか、と問いかけたいところである。

海外に進出する心構えとして大事になのは、第3章で指摘したように、やはりフード・バリュー・チェーンを意識することだ。生産から製造・加工、流通、販売という各段階の企業と連携しながら、農業というよりも食産業として興隆を図っていく。データの真価はそのとき最大に発揮されるに違いない。

あとがき

新型コロナウイルスの影響により、密閉した空間で大勢が間近に接することが避けられている。それは図らずも、農業界で最も旧態依然としてきたコメの業界がデータを活用する機会を早めることになった。書き上げた原稿を読み返すと、この日本人の主食についてあまり言及していないことに気づいたので、最後にコメの格付けと取引に起きた変革の前触れについて触れておきたい。

全国米穀工業協同組合（全米工）は2020年6月11日、会員の企業が一堂に会する形で毎月2回開いてきた取引会を、新型コロナの影響を受けてオンライン上でも参加できるようにした。目玉は、会場に行けず現物を確認できない会員向けに、事前に出品者から貰《もら》い受けた米粒を専用の機械で撮影して画像を解析し、その品質を評価したデータの提供を始めたことだ。

全米工は「特定米穀」と呼ばれるコメの集荷や供給をする企業（加盟110社）の集まり。特定米穀とは、粒が小さかったり砕けていたりして、選別時の篩《ふるい》で落とされたコメを指す。篩に残ったのは家庭などでの炊飯に使われる主食用となり、包装されてスーパーで陳列されているのを我々は日常的に目にしている。一方、特定米穀は米菓や味噌、醤油、焼酎、ビールなどの原料となる。

特定米穀の取引会では、1000粒ほどの米粒が載ったトレイが出品されるごとに会員に回される。会員はこれまで、経験と勘をもって米粒の外観から品質を判断し、価格を交渉してきた。つまり特定米穀には規格が存在しない。

その代わりを果たすことになったのが穀粒判別器である。この機械で穀粒の画像を解析し、正常な米粒の割合のほか、砕けたり着色していたりするといった障害の項目別にそれぞれの米粒の割合をはじき出せる。今回の取引会からは穀粒判別機が打ち出したデータに加え、出品者が事前に米粒を撮影した画像が提示される。遠隔地から取引会に参加する会員にとってこれら2点が品質を判断する材料となる。

全米工がオンライン上での取引会を開催するに至ったのは、新型コロナの影響で2カ月以上にわたって、一堂に会しての取引会が開催できなくなったから。第2波、第3波が懸念されることから6月11日以降も継続していく。農業用の測定機器のメーカーである株式会社ケツト科学研究所は「パソコンやスマートフォンがあれば取引に臨めるので、以前よりも参加率が高まり、取引量が増えて取引会が活性化するはず」とみている。

特定米穀と異なり、主食用のコメには国が定める農産物規格が存在して、格付けされている。その検査でも2020年産から穀粒判別器の導入が一部で始まる。これまでは有資格者が米粒の外観を目で見ながら等級を決めるので、結果にはおのずと個人差が生じるのが問題だった。

もとより1951年の農産物検査法の成立とともに誕生してから時代に合わせた変化をしていない農産物規格は、コメの消費の仕方が多様化している現在の需要を反映しているとはいいがたい。それゆえに規格や検査の見直しや廃止の議論が白熱すると同時に、中食や外食の企業は以前から独自の規格を設けてきた。しかも、それらの企業は集荷業者や仲卸業者を通さず、農業法人から直接買い入れる動きを強めている。

彼らが買い入れるかどうかを判断する際に気にするのは、独自の規格に見合った品質を確保できているかどうかだ。担当者が全国各地の農業法人に定期的に出向き、品質を確認する余裕はとてもない。代わってそれを担保できるのが穀粒判別器が提示するデータなのだ。

自社でコメを生産する以外に周囲の農家を相手に集荷業もこなす、とある農業法人はさっそくこの機械を購入し、中食や外食の企業との取引を広げようとしている。それらの企業が気にするのは、コメが国の検査を受けているかどうかではなく、自社で設けた独自の規格に合致しているかどうか。大手ほどそうしたデータを欲しがる傾向にあるという。この農業法人は既製の販売管理システムを400万円以上かけて改良し、農家から集荷するたびにコメの品質を検査してデータを蓄積して、いつでも入出力ができるようにしている。

全国で水田農業の経営規模が拡大するなか、この農業法人のように集荷業に手を出すところは増えているように感じる。第3章でフード・バリュー・チェーンの構築の意義について触れたように、経営を発展させる一つの方向は確かにそこにある。その際に大事になるのは品質を保証できるデータであることはいうまでもない。コメの業界でもいよいよその活用が始まるなか、水田農業経営体にとっていち早くそれに取り組めるかが、行く末を左右することになるに違いない。

最後に、本書を完成させるにあたってお世話になった次の方々にお礼を申し上げたい。

東京大学大学院農学生命科学研究科の二宮正士特任教授（名誉教授）には農業におけるデータの何たるかを基礎から教えていただいた。フリー編集者の木村隆司さんには本書を執筆することを決めた段階から根気よく伴走していただいた。書籍化にあたっては集英社インターナショナルの田中伊織さんにお世話になった。

そのほかご助言やご協力くださった方々は数知れず、皆さまにはこの場を借りて心より感謝の意をお伝えしたい。ありがとうございました。なお、本書に事実と異なる点があるとすれば、偏に私の責任である。

参考にした文献やサイト

・エペ・フゥーヴェリンク編著『トマト　オランダの多収技術と理論　100トンどりの秘密』（中野明正、池田英男ほか監訳）農山漁村文化協会、2012
・大泉一貫『フードバリューチェーンが変える日本農業』日経BP、2020
・窪田新之助『GDP4%の日本農業は自動車産業を超える』講談社+α新書、2015
・窪田新之助『日本発「ロボットAI農業」の凄い未来　2020年に激変する国土・GDP・生活』講談社+α新書、2017
・斉藤章『ハウスの環境制御ガイドブック　光合成を高めればもっととれる』農山漁村文化協会、2015
・竹村彰通『データサイエンス入門』岩波新書、2018
・21世紀政策研究所編『シンポジウム　情報化によるフードチェーン農業の構築』21世紀政策研究所、2018
・21世紀政策研究所編『2025年　日本の農業ビジネス』講談社現代新書、2017
・根来龍之『新しい基本戦略　プラットフォームの教科書　超速成長ネットワーク効果の基本

と応用』日経BP社、2017
・農業情報学会編『新スマート農業　進化する農業情報利用』農林統計出版、2019
・ビクター・マイヤー＝ショーンベルガー、ケネス・クキエ『ビッグデータの正体　情報の産業革命が世界のすべてを変える』（斎藤栄一郎訳）講談社、2013
・FAO（http://www.fao.org/home/en/）
・『JST news』2019年6月号
・「SMART　AGRI」（https://smartagri-jp.com/）
・「農業ビジネス」（https://agri-biz.jp）
・農林水産省（https://www.maff.go.jp/）

編集協力　木村企画室

図版制作　タナカデザイン

写真提供　ハッピークオリティ　P48

農業・食品産業技術総合研究機構　P75

農業総合研究所　P99、P103

フクハラファーム　P173

中村商事　P194、P195

サグリ　P208

（右記以外は著者撮影）

窪田新之助《くぼたしんのすけ》

農業ジャーナリスト。1978年、福岡県生まれ。明治大学文学部卒。2004年、日本農業新聞に入社。外勤記者として国内外で農政や農業生産の現場を取材。2012年よりフリーに。NPO法人ロボットビジネス支援機構のアドバイザーを務める。2014年、米国国務省の招待でカリフォルニア州などの農業現場を訪れる。著書に『GDP4%の日本農業は自動車産業を超える』『日本発「ロボットAI農業」の凄い未来』(共に講談社+α新書)などがある。

データ農業《のうぎょう》が日本《にほん》を救《すく》う

インターナショナル新書〇五六

二〇二〇年八月一二日　第一刷発行

著者　窪田新之助《くぼたしんのすけ》
発行者　田中知二
発行所　株式会社　集英社インターナショナル
〒一〇一-〇〇六四　東京都千代田区神田猿楽町一-五-一八
電話　〇三-五二一一-二六三〇
発売所　株式会社　集英社
〒一〇一-八〇五〇　東京都千代田区一ツ橋二-五-一〇
電話　〇三-三二三〇-六〇八〇(読者係)
〇三-三二三〇-六三九三(販売部)書店専用
装幀　アルビレオ
印刷所　大日本印刷株式会社
製本所　大日本印刷株式会社

 Printed in Japan　ISBN978-4-7976-8056-0　C0260